# 일 반 수 학

정용욱 지음

오성 미디어

# 머 리 말

자연과학, 공학, 사회과학, 인문과학을 비롯한 모든 학문의 기초에 수학이 필연적으로 관계되기 때문에 예로부터 수학을 공부해오고 있으며, 앞으로도 계속 수학을 공부하게 될 것이다. 그러면 수학은 어떤 학문이기에 예나 지금이나 중요하게 여겨지는 것일까?

첫째 수학학습을 통하여 논리적으로 생각하고 합리적으로 판단하며, 복잡한 현상을 간단명료하게 설명하고 표현할 수 있는 능력을 기를 수 있기 때문이다.

둘째 수학은 질서와 조화를 탐구하는 학문이기 때문이다. 예를 들어 음악의 화음, 나뭇잎의 배열, 건축물 등과 같이 여러 가지 현상과 사물에 숨어있는 질서와 조화를 수학을 통하여 더 잘 이해할 수 있기 때문이다.

셋째 수학은 사고하는 방법을 탐구하는 학문이기 때문이다.

이와 같이 수학은 개인의 발전뿐만이 아니라 국가 발전의 원동력이 되기 때문에 우리나라를 포함한 많은 나라에서 수학교육에 심혈을 기울이고 있다. 이에 경기과학기술대학도 더 발전된 대학이 되도록 학생들의 수학교육에 힘쓰고 있고 그 일환으로 이 책이 만들어지게 되었다. 이 책의 내용은 중고등학교 수학내용 중에서 우리대학 학생들이 전공을 공부하는데 필요하다고 생각되는 내용으로 구성되었으며, 여러 가지 이유로 본 책의 내용에 상응하는 수학실력을 갖추고 있지 않은 학생을 대상으로 한다.

끝으로 본 책을 통하여 대학에서 요구하는 최소한의 수학지식을 갖추어 전공공부에서 일어나는 문제를 해결하는데 도움이 되기를 간절히 바라며, 기회가 된다면 더 연구하여 더 알찬 내용으로 쉽게 이해가 되는 책을 만들 것을 약속합니다.

2012년 2월 지음이 씀

# 목 차


## 제1장 수와 연산 ······ 1

1-1 수의 분류 ······ 1
1-2 분수의 사칙연산 ······ 4
1-3 소수의 계산 ······ 15
1-4 제곱근 ······ 22
1-5 복소수의 사칙연산 ······ 29

## 제2장 문자와 식 ······ 39

2-1 지수법칙 ······ 39
2-2 다항식의 덧셈과 뺄셈 ······ 45
2-3 다항식의 곱셈과 곱셈공식 ······ 50
2-4 다항식의 나눗셈 ······ 56
2-5 인수분해 ······ 65

## 제3장 방정식 ······ 75

3-1 일차방정식 ······ 76
3-2 이차방정식 ······ 78
3-3 고차방정식 ······ 86
3-4 연립일차방정식 ······ 89

## 제4장 지수와 로그 ······ 101

4-1 거듭제곱근 ······ 101
4-2 유리수지수 ······ 107
4-3 로그 ······ 110

제5장 함수 ........ 117

5-1 함수의 정의 ........ 117

5-2 합성함수와 역함수 ........ 122

5-3 특수함수 ........ 125

제6장 삼각비와 삼각함수 ........ 143

6-1 삼각비 ........ 143

6-2 삼각함수 ........ 150

6-3 삼각함수의 그래프 ........ 166

6-4 삼각함수의 덧셈정리 ........ 174

제7장 기수법 ........ 189

7-1 기수법 ........ 189

7-2 이진법의 사칙연산 ........ 199

# 제 1 장 수와 연산

## 1-1 수의 분류

603호에 살아, 9시에 만나 등 수를 사용하지 않고서는 일상생활을 할 수 없을 정도이며, 대학생활 특히 이공계 대학에서는 그 정도가 더욱 심하다. 따라서 수란 무엇인지 잘 알아야 하므로 이 절에서는 수에는 어떤 것이 있는지 알아보기로 하자.

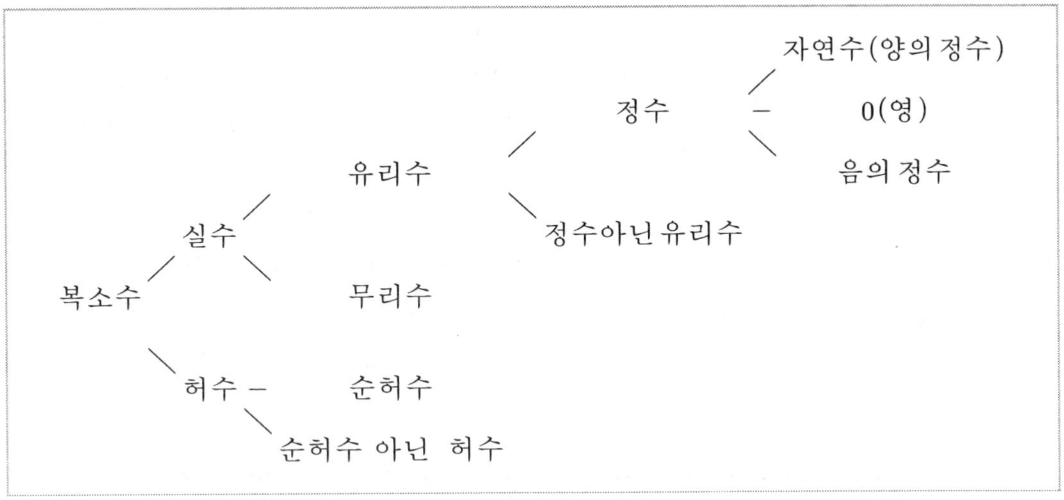


1) **자연수** : 1에서 시작되어 2, 3, 4⋯로 계속되는 수를 **자연수**(natural number)라 한다. 고대 사람들은 조물주(자연)가 만든 것이라 생각하여 자연수란 이름이 붙었으며, 자연수를 **양의 정수**라고도 한다.

2) **정수** : 양이나 소등이 한 마리도 없다는 개념을 0(**영**)이라는 수로 나타냈다.
한편, 인원이 2명 감소한 것, 사과를 2개 꾼 것 등을 −2로 나타냄으로서 음수의 개념이 생성되었으며, $-1, -2, -3, \cdots$ 등을 **음의 정수**라고 한다. 자연수(양의 정수), 0, 음의정수 전체를 **정수**(integer)라고 한다.

3) **유리수** : $a, b\,(b \neq 0)$ 가 정수일 때 $\frac{a}{b}$ 형태의 수를 **유리수**(rational number)라고 한다.

예를 들어 $\frac{1}{2}, \frac{3}{1} = 3, \frac{-3}{5}, \frac{0}{-2}, \frac{-2}{-3}$ 등은 유리수이며, 임의의 정수 $a$ 에 대하여 $a = \frac{a}{1}$ 로 나타낼 수 있으므로 임의의 정수는 유리수이다.

$\frac{1}{2} = 0.5,\ \frac{1}{3} = 0.\dot{3}(= 0.333\cdots)$ 와 같이 유리수를 소수로 나타내면 유한소수이거나 순환하는 무한소수가 된다.

4) **무리수** : 한 변의 길이가 1 인 정사각형의 대각선의 길이는 유리수가 되지 않음을 증명할 수 있는데 이와 같이 실수가운데 유리수가 아닌 수를 **무리수**(irrational number)라고 한다. 무리수를 소수로 나타내면 순환하지 않는 무한소수가 된다.

5) **실수** : 유리수와 무리수 전체를 **실수**(real number)라고 한다. 임의의 실수는 직선상의 한 점으로 나타낼 수 있고, 직선상의 임의의 한 점은 실수로 볼 수 있다. 이와 같이 직선상의 점을 실수로 보았을 때 직선을 **수직선**이라 부른다.

6) **복소수** : 실수의 제곱은 음수가 될 수 없으므로 제곱하여 $-1$ 되는 수는 실수가 아니다. 따라서 제곱하여 $-1$ 이 되는 새로운 수 $i$ 를 도입하고, 이를 **허수단위**라고 한다. 임의의 실수 $a, b$ 에 대하여 $a+bi$ 꼴로 나타낼 수 있는 수를 **복소수**(complex number)라고 한다. 복소수 $z = a+bi$ 에 대하여 $a, b$ 를 각각 복소수 $z$ 의 **실수부분**, **허수부분**이라고 하고, 이를 각각

$Re(z)$, $Im(z)$로 나타낸다. 즉,

$$Re(z)=a,\ Im(z)=b$$

한편, $0i=0$이라 정의하면 임의의 실수 $a$는 $a=a+0i$로 나타낼 수 있으므로 실수는 복소수가 되며, 실수가 아닌 복소수를 **허수**라 한다. 허수 가운데 실수부분이 0인 허수를 특히 **순허수**라고 한다.

## 예 제 1-1-1

수 $5, -10, \frac{3}{4}, -\frac{8}{9}, -\sqrt{2}, \pi, 1+4i, 2i$ 를 자연수, 정수, 유리수, 무리수, 실수, 복소수로 각각 구분하여라.

풀이: 자연수는 $5$, 정수는 $5, -10$

유리수는 $5, -10, \frac{3}{4}, -\frac{8}{9}$ 무리수는 $-\sqrt{2}, \pi$

실수는 $5, -10, \frac{3}{4}, -\frac{8}{9}, -\sqrt{2}, \pi$

복소수는 $5, -10, \frac{3}{4}, -\frac{8}{9}, -\sqrt{2}, \pi, 1+4i, 2i$

## 문 제 1-1-1

수 $2, -9, \frac{11}{4}, -\frac{3}{7}, -\sqrt{3}, 2\pi, -3+4i, -5i$ 를 자연수, 정수, 유리수, 무리수, 실수, 복소수로 각각 구분하여라.

## 예 제 1-1-2

다음 각 복소수에 대하여 실수부분과 허수부분을 찾고, 실수, 허수, 순허수 중 어느 것인지를 구분하여라.

$$2+3i,\ 5,\ 2i$$

풀이: ① $Re(2+3i)=2,\ Im(2+3i)=3$

$5=5+0i$ 이므로 $Re(5)=5,\ Im(5)=0$

$2i=0+2i$ 이므로 $Re(2i)=0,\ Im(2i)=2$

② 실수는 5

허수는 $2+3i, 2i$

순허수는 $2i$

## 문 제 1-1-2

다음 각 복소수에 대하여 실수부분과 허수부분을 찾고, 실수, 허수, 순허수 중 어느 것인지를 구분하여라.

$$-2+6i,\ -3,\quad -3-i,\ 7i$$

## 연습문제

1. 다음 각 수를 자연수, 정수, 유리수, 무리수, 실수, 복소수로 각각 구분하여라.

$$1,\quad -3,\quad 0,\quad \frac{4}{7},\quad -2+4i,\quad 9i$$

2. 다음 각 복소수에 대하여 실수부분과 허수부분을 찾고, 실수, 허수, 순허수 중 어느 것인지를 구분하여라.

$$0,\quad -5,\quad 3-i,\quad 4-3i,\quad -11i$$

# 1-2 분수의 사칙연산

$a$와 $b$가 자연수일 때 $\frac{a}{b}$와 같이 나타낸 유리수를 **상분수**(vulgar fraction, common fraction)라고 하며, 이때 $a$를 **분자**(numerator), $b$를 **분모**(denominator)라고 한다. 모든 유리수는 두 정수 $a$와 $b(\neq 0)$ 의 비 $\frac{a}{b}$로 나타낼 수 있으므로 모든 상분수의 집합은 유리수 집합의 부분집합이 된다. 아래에서 응급하는 분수는 상분수를 의미한다.

## 1-2-1 분수의 분류

❶ **진분수**(proper fraction) : 분자가 분모보다 작은 분수

보기: $\frac{2}{3}, \frac{5}{6}, \frac{7}{12}$

❷ **가분수**(Improper fraction) : 분자가 분모와 같거나 큰 분수

보기: $\frac{2}{2}, \frac{4}{3}, \frac{7}{5}, \frac{23}{12}$

❸ **대분수**(Mixed fraction) : 정수와 진분수의 결합으로 나타낸 분수

보기: $1\frac{1}{2}, 2\frac{1}{3}, 4\frac{2}{5}$

대분수$3\frac{2}{5}$는 $3+\frac{2}{5}$을 의미하며, 3을 대분수의 정수부분, $\frac{2}{5}$을 대분수의 분수부분이라고 한다.

❹ **번분수**(complex fraction)

분자 또는 분모에 분수를 포함한 분수를 번분수라고 한다.

보기: $\frac{\frac{2}{3}}{\frac{3}{4}}, \frac{2\frac{4}{5}}{12}, \frac{\frac{3}{2}}{\frac{4}{5}}, \frac{13}{\frac{1}{2}}$

### 예제 1-2-1

다음 각 분수를 진분수, 가분수, 대분수, 번분수로 구분하여라.

$\frac{1}{2}, \frac{3}{1}, 3\frac{4}{7}, \frac{1}{\frac{1}{2}}, \frac{2}{7}, \frac{15}{8}, \frac{16}{17}, \frac{15}{2}, 4\frac{5}{6}, \frac{\frac{2}{3}}{4}$

풀이 : 진분수는 $\frac{1}{2}, \frac{2}{7}, \frac{16}{17}$ 가분수는 $\frac{3}{1}, \frac{15}{8}, \frac{15}{2}$

대분수는 $3\frac{4}{7}, 4\frac{5}{6}$ 번분수는 $\frac{1}{\frac{1}{2}}, \frac{\frac{2}{3}}{4}$

### 문제 1-2-1

다음 각 분수를 진분수, 가분수, 대분수, 번분수로 구분하여라.

$$\frac{4}{3},\ 1\frac{3}{5},\ \frac{5}{8},\ \frac{7}{24},\ \frac{11}{9},\ \frac{5}{5},\ \frac{21}{13},\ \frac{12}{23},\ \frac{2}{21},\ 4\frac{2}{3},\ 2\frac{7}{9},\ \frac{\frac{2}{5}}{3}$$

## 1-2-2 기약분수(irreducible fraction)

분수에서 분자와 분모의 최대공약수가 1뿐인 분수를 **기약분수**라고 한다.

### 예제 1-2-1

$\frac{2}{3}$, $\frac{4}{3}$, $\frac{7}{8}$ 은 모두 기약분수이다.

### 문제 1-2-2

다음 분수 중에서 기약분수를 찾아라.

$$\frac{2}{5},\ \frac{7}{3},\ \frac{4}{6},\ \frac{6}{7},\ \frac{12}{15},\ \frac{25}{27}$$

0이 아닌 수를 분수의 분자와 분모에 곱하거나 나누어도 분수의 값은 변하지 않는다. 이 성질을 이용하면 기약분수가 아닌 분수를 기약분수로 고칠 수 있다.

### 예제 1-2-1

다음을 분수를 기약분수로 고쳐라.

① $\frac{6}{9}$　　　　② $\frac{15}{21}$

풀이 : ① $\frac{6}{9}=\frac{2\times3}{3\times3}=\frac{2}{3}$

② $\frac{15}{21}=\frac{3\times 5}{3\times 7}=\frac{5}{7}$

## 문제 1-2-3

다음 분수를 기약분수로 고처라.

$\frac{2}{4}, \frac{3}{6}, \frac{4}{12}, \frac{8}{12}, \frac{14}{16}, \frac{22}{26}, \frac{18}{24}$

## 1-2-3 가분수와 대분수사이의 변환

**❶ 가분수를 대분수로**

① 가분수의 분자를 분모로 나눈다.

② 나눗셈 결과 몫은 정수부분으로 하고, 나머지는 분수부분의 분자가 되도록 쓴다.

③ ②의 결과가 주어진 가분수를 대분수로 바꾼 것이다.

## 예제 1-2-4

$\frac{27}{4}$을 대분수로 고처라.

풀이 : 27을 4로 나누면 몫은 6이고, 나머지는 3이다.

$$\begin{array}{r} 6 \\ 4\,\overline{)\,27} \\ \underline{24} \\ 3 \end{array}$$

$\therefore \frac{27}{4}=6\frac{3}{4}$

## 문제 1-2-4

다음 각 가분수를 대분수로 고처라.

① $\frac{49}{5}$ ② $\frac{127}{11}$

**❷ 대분수를 가분수로**

① 대분수의 정수부분과 분수부분의 분모를 곱한다.

② ①의 결과에 분수부분의 분자를 더한다.

③ 분수부분의 분모를 분모로 하고, ②의 결과를 분자로 하는 분수가 주어진 대분수를 가분수로 바꾼 것이다.

$$a\frac{b}{c}=\frac{ac+b}{c}\,(c\neq 0)$$

## 예제 1-2-5

$3\frac{4}{5}$ 을 가분수로 고쳐라.

풀이 : $3\times 5+4=19$ 이므로 가분수의 분자는 19 이고, 분모는 5 이다.

$$\therefore 3\frac{4}{5}=\frac{19}{5}$$

## 문제 1-2-5

다음 각 대분수를 가분수로 고쳐라.

① $2\frac{6}{7}$　　　② $4\frac{5}{6}$

### 1-2-4 분수의 덧셈과 뺄셈

**❶ 분모가 같은 경우**

$\frac{1}{4}+\frac{2}{4}$ 와 같이 분모가 같은 분수의 덧셈은 분자끼리 더한 것을 분자로 하는 $\frac{3}{4}$ 과 같이 계산하면 된다. 즉, $\frac{1}{4}+\frac{2}{4}=\frac{3}{4}$

일반적으로 분모가 같은 경우 분수의 덧셈과 뺄셈은 다음과 같이 한다.

$$\frac{b}{a}\pm\frac{c}{a}=\frac{b\pm c}{a}$$

## 예제 1-2-6

다음을 계산하여라.

① $\frac{2}{5}+\frac{7}{5}$ ② $\frac{9}{8}-\frac{5}{8}$

풀이: ① $\frac{2}{5}+\frac{7}{5}=\frac{2+7}{5}=\frac{9}{5}\left(=1\frac{4}{5}\right)$

② $\frac{9}{8}-\frac{5}{8}=\frac{9-5}{8}=\frac{4}{8}=\frac{1}{2}$

## 문제 1-2-6

다음을 계산하여라.

① $\frac{2}{9}+\frac{1}{9}-\frac{7}{9}$ ② $2\frac{7}{11}-3\frac{5}{11}+\frac{8}{11}$

**❷ 분모가 서로 다른 경우**

각 분수를 분모가 같게 하여 덧셈 또는 뺄셈을 하면 되는데, 분모를 같게 할 때 보통은 분모들의 양의 최소공배수를 선택한다.

일반적으로 다음과 같이 계산한다.

$$\frac{b}{a}\pm\frac{d}{c}=\frac{bc}{ac}\pm\frac{ad}{ac}=\frac{bc\pm ad}{ac}$$

## 예제 1-2-1

다음을 계산하여라.

① $\frac{1}{2}+\frac{1}{3}$ ② $\frac{2}{3}-\frac{1}{4}+\frac{5}{6}$

풀이 ① $\frac{1}{2}+\frac{1}{3}=\frac{3}{6}+\frac{2}{6}=\frac{5}{6}$

② $\frac{2}{3}-\frac{1}{4}+\frac{5}{6}=\frac{8}{12}-\frac{3}{12}+\frac{10}{12}=\frac{8-3+10}{12}=\frac{15}{12}=\frac{5}{4}\left(=1\frac{1}{4}\right)$

## 문제 1-2-7

다음을 계산하여라.

① $\frac{5}{8}-\frac{1}{2}+\frac{1}{3}$ ② $2\frac{1}{3}-1\frac{3}{4}+\frac{1}{2}$

### 1-2-5 분수의 곱셈과 나눗셈

**❶ 분수의 곱셈**

다음을 길이가 1인 막대를 15등분 한 것으로 생각하면, 빗금 친 부분은 전체의 $\frac{2}{3}$가 된다.

| 1 | 2 | 3 | 4 | 5 | 6 | 7 | 8 | 9 | 10 | 11 | 12 | 13 | 14 | 15 |
|---|---|---|---|---|---|---|---|---|---|---|---|---|---|---|

"위의 빗금 친 부분의 $\frac{4}{5}$는 얼마일까?"는 $\frac{2}{3}\times\frac{4}{5}$은 얼마일까? 를 묻는 문제로 바꾸어 생각할 수 있으며, 빗금 친 부분이 10개의 칸으로 구성되어있으므로 이것의 $\frac{4}{5}=\frac{8}{10}$는 다음 8개의 칸으로 구성된다.

| 1 | 2 | 3 | 4 | 5 | 6 | 7 | 8 | 9 | 10 | 11 | 12 | 13 | 14 | 15 |
|---|---|---|---|---|---|---|---|---|---|---|---|---|---|---|

이는 막대 길이를 15등분한 것에서 8개를 나타내므로 $\frac{8}{15}$임을 알 수 있다. 즉,

$\frac{2}{3}\times\frac{4}{5}=\frac{8}{15}=\frac{2\times4}{3\times5}$

일반적으로 두 분수의 곱셈은 분모끼리 곱한 것을 분모로 하고, 분자끼리 곱한 것을 분자로 하는 분수이다. 즉,

$$\frac{b}{a}\times\frac{d}{c}=\frac{bd}{ac}$$

## 예제 1-2-8

다음 분수의 곱셈을 구하여라.

① $\frac{1}{2}\times\frac{1}{3}$  ② $\frac{3}{4}\times\frac{1}{5}$

풀이: ① $\frac{1}{2}\times\frac{1}{3}=\frac{1}{6}$

② $\frac{3}{4}\times\frac{1}{5}=\frac{3}{20}$

## 문제 1-2-8

다음 분수의 곱셈을 구하여라.

① $\frac{1}{2}\times\frac{2}{3}\times\frac{1}{5}$  ② $1\frac{3}{4}\times 2\frac{2}{5}$

**❷ 분수의 나눗셈**

사과1개를 반쪽씩 나누어 먹는다면 몇 사람이 먹을 수 있을까? 이는 $1\div\frac{1}{2}=\frac{1}{\frac{1}{2}}$ 을 구하는 문제와 같으며, 실제로 2사람이 먹을 수 있으므로 $\frac{1}{\frac{1}{2}}=2$ 이다. 같은 방법으로 생각하면

$$\frac{1}{\frac{1}{a}}=a \quad (\text{단, } a\neq 0)$$

한편, $\frac{d}{c}=d\times\frac{1}{c}$ 이므로

$$\frac{1}{\frac{d}{c}}=\frac{1}{d\times\frac{1}{c}}=\frac{1}{d}\times\frac{1}{\frac{1}{c}}=\frac{1}{d}\times c=\frac{c}{d}$$

따라서 $\frac{b}{a}\div\frac{d}{c}=\frac{b}{a}\times\frac{1}{\frac{d}{c}}=\frac{b}{a}\times\frac{c}{d}=\frac{bc}{ad}$

$$\therefore \frac{b}{a} \div \frac{d}{c} = \frac{b}{a} \times \frac{c}{d} = \frac{bc}{ad} \quad (\text{단, } a \neq 0, c \neq 0, d \neq 0)$$

[다른 방법] $n \neq 0$ 일 때 $m \div n = p$ 라는 것은 $p \times n = m$ 과 동치임을 이용하여 위의 것을 증명하여 보자.

$m = \frac{b}{a}, n = \frac{d}{c}$ 라 두면

$$\frac{bc}{ad} \times n = \frac{bc}{ad} \times \frac{d}{c} = \frac{b}{a} = m$$

이므로 $m \div n = \frac{bc}{ad}$ 이다. 즉,

$$\frac{b}{a} \div \frac{d}{c} = \frac{\frac{b}{a}}{\frac{d}{c}} = \frac{bc}{ad}$$

## 예제 1-2-9

다음 분수의 나눗셈을 구하여라.

① $\frac{3}{4} \div \frac{1}{5}$ ② $\frac{3}{2} \div \frac{5}{3}$

풀이: ① $\frac{3}{4} \div \frac{1}{5} = \frac{3}{4} \times \frac{5}{1} = \frac{15}{4}$

② $\frac{3}{2} \div \frac{5}{3} = \frac{3}{2} \times \frac{3}{5} = \frac{9}{10}$

## 문제 1-2-9

다음 분수의 나눗셈을 구하여라.

① $\frac{3}{5} \div 1\frac{1}{6}$ ② $2\frac{3}{2} \div \frac{5}{3}$

### 1-2-6 분수와 부호

분수와 부호에 대하여 다음이 성립한다.

$$-\frac{a}{b}=\frac{-a}{b}=\frac{a}{-b}\ ,\ \frac{-a}{-b}=\frac{a}{b}\quad (\text{단, } b\neq 0)$$

#### 예제 1-2-10

다음을 계산하여라.

① $\frac{3}{-4}+\frac{-4}{-5}$ ② $\frac{3}{-5}\div\frac{-5}{-4}$

풀이: ① $\frac{3}{-4}+\frac{-4}{-5}=-\frac{3}{4}+\frac{4}{5}=-\frac{15}{20}+\frac{16}{20}=\frac{-15+16}{20}=\frac{1}{20}$

② $\frac{3}{-5}\div\frac{-5}{-4}=\frac{3}{-5}\div\frac{5}{4}=\frac{3}{-5}\times\frac{4}{5}=\frac{12}{-25}=-\frac{12}{25}$

#### 문제 1-2-10

다음을 계산하여라.

① $1\frac{2}{3}-\frac{3}{-4}$ ② $\frac{-3}{-7}\div\frac{5}{-4}$

※ 등식의 양변에 같은 수를 더하고, 빼고, 곱하고, 0 아닌 수로 나누어도 등식은 변화가 없다. 그러나 분수에서는 분모와 분자에 같은 수를 곱하거나 0 아닌 수로 나누어도 분수의 값은 변화가 없지만, 같은 수를 분모와 분자에 더하거나 빼면 분수의 값이 다를 수 있다.

예를 들어

$$\frac{1}{3}\neq\frac{1+1}{3+1}=\frac{2}{4}=\frac{1}{2}$$

$$\frac{3}{5}\neq\frac{3-1}{5-1}=\frac{2}{4}=\frac{1}{2}$$

$$\frac{3}{3}=\frac{3+1}{3+1}$$

$$\frac{4}{4}=\frac{4-1}{4-1}$$

## 연습문제

1. 다음 분수를 진분수, 가분수, 대분수로 각각 구분하여라.

$\frac{11}{13}$, $\frac{31}{2}$, $\frac{7}{43}$, $\frac{4}{8}$, $\frac{27}{18}$, $2\frac{4}{7}$

2. 다음 분수를 기약분수로 고처라.

① $\frac{8}{6}$ ② $\frac{60}{300}$ ③ $\frac{96}{80}$ ④ $\frac{63}{81}$ ⑤ $\frac{115}{805}$

3. 다음 분수 중에서 가분수는 대분수로 대분수는 가분수로 고처라.

① $\frac{15}{4}$ ② $\frac{133}{43}$ ③ $\frac{600}{253}$ ④ $3\frac{5}{81}$ ⑤ $2\frac{37}{111}$

4. 다음을 계산하여라.

① $\frac{5}{6}+\frac{13}{6}$ ② $\frac{2}{3}-\frac{1}{3}$ ③ $\frac{5}{9}+\frac{1}{9}-\frac{4}{9}$ ④ $-\frac{6}{5}-\frac{1}{5}$ ⑤ $\frac{2}{3}-\frac{5}{3}$

⑥ $\frac{2}{5}+\frac{3}{8}$ ⑦ $\frac{6}{5}+\frac{5}{8}$ ⑧ $\frac{3}{15}-\frac{5}{18}$ ⑨ $3\frac{2}{3}-2\frac{1}{4}$ ⑩ $\frac{3}{4}-\frac{2}{3}+\frac{1}{5}$

5. 다음을 계산하여라.

① $\frac{1}{4}\times\frac{4}{5}$ ② $\frac{2}{3}\times\frac{5}{6}$ ③ $\frac{5}{9}\times 4$ ④ $\frac{5}{9}\times\frac{2}{7}$ ⑤ $4\frac{2}{3}\times 2\frac{3}{4}$

⑥ $\frac{5}{6}\div\frac{3}{8}$ ⑦ $\frac{6}{11}\div\frac{7}{8}$ ⑧ $5\div\frac{3}{4}$ ⑨ $5\frac{2}{3}\div 2\frac{1}{6}$ ⑩ $7\div 3\frac{3}{4}$

6. 갑은 한 시간에 $3\frac{3}{4}km$를 걸을 수 있고, 을은 한 시간에 $3\frac{2}{5}km$를 걸을 수 있다고 한다. 갑과 을의 두 사람이 한 시간 동안 걸은 거리의 합을 구하여라.

7. $4\Omega$, $5\Omega$의 저항을 각각 한 개씩 병렬로 연결할 때 합성저항의 값을 구하여라.

8. $10\Omega$, $15\Omega$, $20\Omega$ 저항을 각각 한 개씩 병렬로 연결할 때 합성저항의 값을 구하여라.

9. 다음을 계산하여라.

① $\frac{1}{3}\times\frac{7}{4}\times\frac{-2}{5}$　② $\frac{2}{3}\times\frac{5}{6}\div\frac{7}{8}$　③ $\frac{3}{5}\div\frac{4}{9}\div 4$

④ $\frac{5}{9}\times\frac{3}{7}\div\frac{6}{7}$　⑤ $6\frac{2}{3}\div 2\frac{3}{7}\times\frac{6}{7}$　⑥ $\frac{11}{23}\times\frac{2}{\frac{2}{3}}\div\frac{4}{5}$

10. 다음 명제가 참인가?

$\frac{a+b}{c}=\frac{a}{c}+\frac{b}{c}$ 이므로 $\frac{c}{a+b}=\frac{c}{a}+\frac{c}{b}$ 가 성립한다.

## 1-3 소수의 계산

소수를 처음 사용한 사람은 네덜란드의 수학자 스테빈(S. Stevin; 1548~1620)이었지만 현재와 같은 표시법으로 만들어 낸 사람은 스코틀랜드의 수학자 네이피어(J. Napier; 1550~1617)이다.

### ❶ 소수의 덧셈

소수점을 맞춘 후 오른쪽부터 왼쪽으로 덧셈을 한다. 이때 빈자리에 0을 삽입하고 계산하면 편리하다.

## 예제 1-3-1

다음을 계산하여라.

① 3.2＋4.9  ② 5.12＋7.329  ③ 10.2＋21.54＋33.987

풀이 : ①
$$\begin{array}{r} 3.2 \\ +\ 4.9 \\ \hline 8.1 \end{array}$$
②
$$\begin{array}{r} 5.120 \\ +\ 7.329 \\ \hline 12.449 \end{array}$$
③
$$\begin{array}{r} 10.200 \\ 21.540 \\ +\ 33.987 \\ \hline 65.727 \end{array}$$

## 문제 1-3-1

다음을 계산하여라.

① 9.5＋7.8  ②12.93＋8.129  ③ 1.2＋15.387＋37.0579

**❷ 소수의 뺄셈**

소수점을 맞추고 빈자리에 0을 삽입한 후 오른쪽부터 왼쪽으로 뺄셈을 한다. 이때 필요하면 왼쪽에서 값을 빌려온다.

## 예제 1-3-2

다음을 계산하여라.

① 12.2－5.7  ②7.329－5.12  ③ 59.2－21.54－33.987

풀이 : ①
$$\begin{array}{r} 12.2 \\ -\ 5.7 \\ \hline 6.5 \end{array}$$
②
$$\begin{array}{r} 7.329 \\ -\ 5.120 \\ \hline 2.209 \end{array}$$

③ 차례로 뺄셈을 한다.

$$\begin{array}{r} 59.20 \\ -\ 21.54 \\ \hline 37.66 \end{array} \qquad \begin{array}{r} 37.660 \\ -\ 33.987 \\ \hline 3.673 \end{array}$$

따라서 구하는 답은 3.673

[다른 방법] 21.54+33.987을 먼저 계산한 후 뺄셈을 한다.

$$\begin{array}{r} 21.540 \\ +\ 33.987 \\ \hline 55.527 \end{array} \qquad \begin{array}{r} 59.200 \\ -\ 55.527 \\ \hline 3.673 \end{array}$$

## 문제 1-3-2

다음을 계산하여라.

① 9.5 − 7.8 ② 12.93 − 8.129 ③ 61.1 − 15.387 − 37.0579

### ❸ 소수의 곱셈

**[방법1]** 소수의 곱셈은 분수로 고쳐서 계산한다. 이때 약분은 하지 않고 분모를 10, 100, 1000, ⋯ 등으로 두면 소수로 바로 나타낼 수 있다.

예를 들어 $0.3\times0.2=\frac{3}{10}\times\frac{2}{10}=\frac{6}{100}=0.06$

**[방법2]** 세로셈으로 자연수를 곱하는 방법과 같이 계산한 후 소수점의 위치는 곱해지는 소수들의 소수점 아래의 자릿수의 합과 같게 한다.

예를 들어

$$\begin{array}{rrl} & 2.3 & \leftarrow \text{소수점 아래 한 자리} \\ \times & 1.2 & \leftarrow \text{소수점 아래 한 자리} \\ \hline & 4\,6 & \\ & 2\,3\ \ & \\ \hline & 2.76 & \leftarrow \text{소수점 아래 두 자리} \end{array}$$

## 예제 1-3-3

예제 1-3-3 다음을 계산하여라.

① 1.22×5.7 ② 5.32×0.12

풀이 : ①

$$\begin{array}{rl} 1.22 & \leftarrow \text{소수점 아래 두 자리} \\ \times \quad 5.7 & \leftarrow \text{소수점 아래 한 자리} \\ \hline 854 & \\ 610\phantom{0} & \\ \hline 6.954 & \leftarrow \text{소수점 아래 세 자리} \end{array}$$

②

$$\begin{array}{rl} 5.32 & \leftarrow \text{소수점 아래 두 자리} \\ \times \quad 0.12 & \leftarrow \text{소수점 아래 두 자리} \\ \hline 1064 & \\ 532\phantom{0} & \\ \hline 0.6384 & \leftarrow \text{소수점 아래 네 자리} \end{array}$$

## 문제 1-3-3

다음을 계산하여라.

① $3.72 \times 1.9$ ② $0.654 \times 8.49$

소수에 $10, 100, 1000, \cdots$ 을 차례로 곱한다면 소수점의 위치를 오른쪽으로 0의 개수만큼 옮긴다. 예를 들어

$5.32 \times 10 = 53.2$ ←소수점을 오른쪽으로 한 자리 옮긴다.
$5.32 \times 100 = 532$ ←소수점을 오른쪽으로 두 자리 옮긴다.
$5.32 \times 1000 = 5320$ ←소수점을 오른쪽으로 세 자리 옮긴다.

한편 소수에 $0.1, 0.01, 0.001, \cdots$ 을 차례로 곱한다면 소수점의 위치를 왼쪽으로 0의 개수만큼 (또는 소수점아래 자릿수만큼) 옮긴다. 예를 들어

$5.32 \times 0.1 = 0.532$ ←소수점을 왼쪽으로 한 자리 옮긴다.
$5.32 \times 0.01 = 0.0532$ ←소수점을 왼쪽으로 두 자리 옮긴다.
$5.32 \times 0.001 = 0.00532$ ←소수점을 왼쪽으로 세 자리 옮긴다.

일반적으로 소수 $a$에 대하여 $a \times 10^n$ 의 소수점의 위치는 다음과 같다.

1) $n$이 양의 정수이면 소수점을 오른쪽으로 $n$자리 옮긴다.
2) $n$이 음의 정수이면 소수점을 왼쪽으로 $n$자리 옮긴다.
3) $n = 0$ 이면 소수점의 위치는 변화가 없다.

## 예제 1-3-4

다음을 계산하여라.

① $2.3154\times10^3$ ② $2.321\times10^5$

③ $2.3\times10^{-1}$ ④ $2.3\times10^{-3}$

풀이 :

① $2.3154\times10^3=2315.4$ ←소수점을 오른쪽으로 세 자리 옮긴다.
② $2.321\times10^5=232100$ ←소수점을 오른쪽으로 다섯 자리 옮긴다.
③ $2.3\times10^{-1}=0.23$ ←소수점을 왼쪽으로 한 자리 옮긴다.
④ $2.3\times10^{-3}=0.0023$ ←소수점을 왼쪽으로 세 자리 옮긴다.

## 문제 1-3-4

다음을 계산하여라.

① $71.23\times10^2$ ② $0.0543\times10^6$

③ $0.98\times10^{-1}$ ④ $54\times10^{-5}$

### ❹ 소수의 나눗셈

① 소수의 나눗셈은 분수의 나눗셈으로 고친 다음 계산하는 방법이 있다.

② 나누는 수와 나누어지는 수의 소수점을 같은 자릿수만큼 옮겨 나누는 수만을 자연수로 만들든지 또는 나누어지는 수까지 자연수로 만들어 나눗셈을 할 수 있다.

## 예제 1-3-5

다음을 계산하여라.

① $28.7\div0.7$ ② $154.8\div5.4$ ③ $19.35\div4.5$

풀이: ① [분수를 이용하는 방법]

$$28.7 \div 0.7 = \frac{287}{10} \div \frac{7}{10} = \frac{287}{10} \times \frac{10}{7} = 41$$

[소수점을 옮김을 이용하는 방법]

$$0.7\ \overline{)\ 28.7} \quad \Rightarrow \quad \begin{array}{r} 41 \\ 7\ \overline{)\ 287} \\ \underline{28\ \ } \\ 7 \\ \underline{7} \\ 0 \end{array}$$

② [분수를 이용하는 방법]

$$145.8 \div 5.4 = \frac{1458}{10} \div \frac{54}{10} = \frac{1458}{10} \times \frac{10}{54} = 27$$

[소수점을 옮김을 이용하는 방법]

$$5.4\ \overline{)\ 145.8} \quad \Rightarrow \quad \begin{array}{r} 27 \\ 54\ \overline{)\ 1458} \\ \underline{108\ \ } \\ 378 \\ \underline{378} \\ 0 \end{array}$$

③ 나누는 수만을 자연수로 만들어 나눗셈을 한다.

$$4.5\ \overline{)\ 19.35} \quad \Rightarrow \quad \begin{array}{r} 4.3 \\ 45\ \overline{)\ 193.5} \\ \underline{180\ \ \ } \\ 13\ 5 \\ \underline{13\ 5} \\ 0 \end{array}$$

$$\therefore 19.35 \div 4.5 = 4.3$$

## 문제 1-3-5

다음을 계산하여라.

① $12.48 \div 1.6$ ② $20.736 \div 3.24$ ③ $5.394 \div 1.74$

소수의 나눗셈에서 나머지는 다음 예와 같은 방법으로 구하면 된다.

## 예제 1-3-6

$1.5 \div 0.4$ 의 몫과 나머지를 구하여라.

$$0.4\,\overline{)\,1.5} \;\Rightarrow\; \begin{array}{r} 3 \\ 4\,\overline{)\,1\;\;5} \\ 1\;\;2 \\ \hline 3 \end{array} \;\Rightarrow\; \begin{array}{r} 3 \\ 4\,\overline{)\,1\;.\;5} \\ 1\;\downarrow\;2 \\ \hline 0\;.\;3 \end{array}$$

따라서 몫은 3, 나머지는 0.3

[주의] 나머지를 3 이라고 하지 말아야 한다.

## 문제 1-3-6

다음 각 소수의 나눗셈에서 몫과 나머지를 구하여라.

① $4.5 \div 0.6$ ② $7.51 \div 2.8$

## 연습문제

1. 다음을 계산하여라.

① $2.1 + 7.32$ ② $7.91 + 8.456$ ③ $12.674 + 3.7$

④ $15.2798 + 0.01047 + 3.5$ ⑤ $0.37 + 1.209 + 3.3879$

2. 다음을 계산하여라.

① $7.1-3.97$　② $8.456-7.91$　③ $12.674-3.7$

④ $15.2798-0.01047-2.7$　⑤ $5.37-1.209-3.3879$

3. 다음을 계산하여라.

① $1.8\times2.4$　② $7.82\times8.6$　③ $9.3\times13.56$

④ $4.47\times0.8\times2.6$　⑤ $5.37\times1.2\times3.38$

3. 다음을 계산하여라.

① $25\div5.6$　② $13.3\div0.26$　③ $3.06\div8.5$

④ $16\div12.8$　⑤ $16.92\div4.7$

4. 철사 $3.25m$의 무게는 $1kg$ 입니다. 이 철사 $156m$의 무게는 몇 $kg$ 인가?

5. 높이 $11.52m$인 소나무 옆에 높이 $0.48m$의 잣나무가 있습니다. 소나무의 높이는 잣나무의 높이의 몇 배인가?

6. 다음 각 소수의 나눗셈에서 몫과 나머지를 구하여라.

① $1.58\div0.9$　② $72.96\div9.8$

## 1-4 제곱근

제곱하여 $a$가 되는 수를 $a$의 제곱근이라고 한다. 예를 들어 2와 $-2$는 4의 제곱근이다.

실수의 제곱은 음수가 될 수 없으므로 음수의 제곱근은 실수가 아니어야 하며, 제곱하여 0이 되는 수는 0 하나뿐이므로 0의 제곱근은 0뿐이다.

$a$가 양수일 때 $a$의 제곱근에는 양수와 음수 2개가 있고,

양수인 것을 $\sqrt{a}$

음수인 것을 $-\sqrt{a}$

로 나타내며, $\sqrt{a}$ 와 $-\sqrt{a}$ 의 절댓값은 서로 같다.

여기서 $\sqrt{\ }$ 를 **근호**라 하며, $\sqrt{a}$ 을 '제곱근 $a$' 또는 '루트(root) $a$'라고 읽는다.

또, $\sqrt{a}$ 와 $-\sqrt{a}$ 을 한꺼번에 $\pm\sqrt{a}$ 로 나타내기도 한다.

## 예제 1-4-1

2 의 양수인 제곱근은 $\sqrt{2}$ 이고, 음수인 제곱근은 $-\sqrt{2}$ 이다.

즉, 2 의 제곱근은 $\pm\sqrt{2}$ 이다.

## 문제 1-4-1

다음 수의 제곱근을 근호 $\sqrt{\ }$ 을 사용하여 나타내어라.

① 3 ② $\frac{1}{2}$

4 의 양수인 제곱근은 2 이고, 음수인 제곱근은 $-2$ 이므로 다음을 알 수 있다.

$$\sqrt{4}=2, \quad -\sqrt{4}=-2$$

이와 같이 어떤 양수의 제곱근은 근호를 사용하지 않고 나타낼 수 있다.

## 예제 1-4-2

다음 수를 근호 $\sqrt{\ }$ 을 사용하지 않고 나타내어라.

① $\sqrt{16}$ ② $-\sqrt{36}$

풀이: ① $\sqrt{16}=4$

② $-\sqrt{36}=-6$

## 문제 1-4-2

다음 수를 근호 $\sqrt{\ }$ 을 사용하지 않고 나타내어라.

① $\sqrt{81}$　　② $-\sqrt{100}$　　③ $\sqrt{\frac{9}{16}}$

**[정리1-1] 제곱근의 성질1**

(1) $a>0$ 일 때 $(\sqrt{a})^2=a$, $(-\sqrt{a})^2=a$

(2) $\sqrt{a^2}=|a|$

증명: (1) 제곱근의 정의로부터 $(\sqrt{a})^2=a$, $(-\sqrt{a})^2=a$

(2) $|a|^2=a^2$ 이므로 $\sqrt{a^2}=|a|$

## 예제 1-4-3

다음 값을 구하여라.

① $(\sqrt{2})^2+(-\sqrt{5})^2-(\sqrt{3})^2$　　② $\sqrt{(-3)^2}+\sqrt{2^2}$

풀이: ① $(\sqrt{2})^2+(-\sqrt{5})^2-(\sqrt{3})^2=2+5-3=4$

② $\sqrt{(-3)^2}+\sqrt{2^2}=|-3|+|2|=3+2=5$

## 문제 1-4-3

다음 값을 구하여라.

① $(-\sqrt{0.2})^2\times(-\sqrt{5})^2\div(\sqrt{0.1})^2$　　② $-\sqrt{(-0.3)^2}+\sqrt{\left(-\frac{1}{2}\right)^2}$

**[정리1-2] 제곱근의 성질2**

$a>0, b>0$ 일 때,

(1) $\sqrt{a}\sqrt{b}=\sqrt{ab}$

(2) $\sqrt{a^2b}=a\sqrt{b}$

(3) $\dfrac{\sqrt{a}}{\sqrt{b}}=\sqrt{\dfrac{a}{b}}$

(4)[분모의 유리화] $\dfrac{\sqrt{a}}{\sqrt{b}}=\dfrac{\sqrt{ab}}{b}$

증명: (1) $(\sqrt{a}\sqrt{b})^2=(\sqrt{a}\sqrt{b})\cdot(\sqrt{a}\sqrt{b})$
$=(\sqrt{a})^2(\sqrt{b})^2$
$=ab$

즉, $\sqrt{a}\sqrt{b}$ 는 $ab$의 양수인 제곱근이다.

$\therefore \sqrt{a}\sqrt{b}=\sqrt{ab}$

(2) $\sqrt{a^2b}=\sqrt{a^2}\sqrt{b}=|a|\sqrt{b}=a\sqrt{b}$

(3) $\left(\dfrac{\sqrt{a}}{\sqrt{b}}\right)^2=\dfrac{\sqrt{a}}{\sqrt{b}}\cdot\dfrac{\sqrt{a}}{\sqrt{b}}=\dfrac{(\sqrt{a})^2}{(\sqrt{b})^2}=\dfrac{a}{b}$

즉, $\dfrac{\sqrt{a}}{\sqrt{b}}$ 은 $\dfrac{a}{b}$의 양수인 제곱근이다.

$\therefore \dfrac{\sqrt{a}}{\sqrt{b}}=\sqrt{\dfrac{a}{b}}$

(4) $\dfrac{\sqrt{a}}{\sqrt{b}}=\dfrac{\sqrt{a}}{\sqrt{b}}\cdot\dfrac{\sqrt{b}}{\sqrt{b}}=\dfrac{\sqrt{a}\sqrt{b}}{(\sqrt{b})^2}=\dfrac{\sqrt{ab}}{b}$

## 예제 1-4-4

① $\sqrt{2}\sqrt{5}=\sqrt{10}$

② $\sqrt{12}=\sqrt{2^2\times 3}=\sqrt{2^2}\times\sqrt{3}=2\sqrt{3}$

③ $\dfrac{\sqrt{3}}{\sqrt{2}}=\sqrt{\dfrac{3}{2}}$

④ $\frac{1}{\sqrt{2}}=\frac{1}{\sqrt{2}}\times\frac{\sqrt{2}}{\sqrt{2}}=\frac{\sqrt{2}}{(\sqrt{2})^2}=\frac{\sqrt{2}}{2}$

## 문제 1-4-4

다음 물음에 답하여라.

(1) 다음을 $\sqrt{a}$ 꼴로 나타내어라.

① $\sqrt{5}\,\sqrt{7}$　　② $\sqrt{2}\,\sqrt{3}\,\sqrt{5}$

③ $\frac{\sqrt{15}}{\sqrt{5}}$　　④ $\frac{\sqrt{120}}{\sqrt{6}}$

(2) 다음을 $a\sqrt{b}$ 꼴로 나타내어라.

① $\sqrt{20}$　　② $\sqrt{75}$

③ $-\sqrt{28}$　　④ $-\sqrt{160}$

(3) 다음 수의 분모를 유리화 하여라.

① $\frac{3}{\sqrt{3}}$　　② $\frac{\sqrt{6}}{2\sqrt{7}}$

근호를 포함하는 식의 덧셈이나 뺄셈은 문자를 포함하고 있는 다항식의 덧셈, 뺄셈에서와 같이 동류항을 모아 정리하는 방법으로 계산한다. 예를 들어

$$5\sqrt{2}+3\sqrt{2}=(5+3)\sqrt{2}=8\sqrt{2}$$
$$5\sqrt{2}-3\sqrt{2}=(5-3)\sqrt{2}=2\sqrt{2}$$

## 예제 1-4-5

예제 1-4-5 다음을 간단히 하여라.

① $4\sqrt{3}+2\sqrt{3}-3\sqrt{3}$　　② $3\sqrt{2}-5\sqrt{2}+7\sqrt{2}$

풀이: ① $4\sqrt{3}+2\sqrt{3}-3\sqrt{3}=(4+2-3)\sqrt{3}=3\sqrt{3}$

② $3\sqrt{2}-5\sqrt{2}+7\sqrt{2}=(3-5+7)\sqrt{2}=5\sqrt{2}$

## 문제 1-4-5

다음을 간단히 하여라.

① $4\sqrt{3}+2\sqrt{3}-3\sqrt{3}$　　② $3\sqrt{2}-5\sqrt{2}+7\sqrt{2}$

## 예제 1-4-6

다음을 간단히 하여라.

① $\sqrt{8}+\sqrt{32}$　　② $\sqrt{45}+\sqrt{20}-\sqrt{5}$

풀이: ① $\sqrt{8}+\sqrt{32}=\sqrt{2^2\times 2}+\sqrt{4^2\times 2}$
$=2\sqrt{2}+4\sqrt{2}=(2+4)\sqrt{2}$
$=6\sqrt{2}$

② $\sqrt{45}+\sqrt{20}-\sqrt{5}=\sqrt{3^2\times 5}+\sqrt{2^2\times 5}-\sqrt{5}$
$=3\sqrt{5}+2\sqrt{5}-\sqrt{5}=(3+2-1)\sqrt{5}$
$=4\sqrt{5}$

## 문제 1-4-6

다음을 간단히 하여라.

① $\sqrt{28}-\sqrt{63}$　　② $\sqrt{24}+2\sqrt{54}-\sqrt{150}$

근호를 포함하는 식에 덧셈, 뺄셈, 곱셈, 나눗셈이 섞여 있을 때에는 유리수의 경우와 마찬가지로 곱셈과 나눗셈을 먼저 계산한다. 또 괄호가 있는 식은 분배법칙을 이용하여 괄호를 풀어 계산한다.

## 예제 1-4-7

다음을 간단히 하여라.

① $4\times\sqrt{3}-2\div\sqrt{3}$　　　② $\sqrt{6}(\sqrt{2}+3\sqrt{3})$

풀이 : ① $4\times\sqrt{3}-2\div\sqrt{3}=4\sqrt{3}-\dfrac{2}{\sqrt{3}}=4\sqrt{3}-\dfrac{2\sqrt{3}}{3}$

$$=\left(4-\frac{2}{3}\right)\sqrt{3}=\frac{10}{3}\sqrt{3}$$

② $\sqrt{6}(\sqrt{2}+3\sqrt{3})=\sqrt{6}\times\sqrt{2}+\sqrt{6}\times3\sqrt{3}$

$$=\sqrt{12}+3\sqrt{18}$$
$$=2\sqrt{3}+3\times3\sqrt{2}$$
$$=2\sqrt{3}+9\sqrt{2}$$

## 문제 1-4-7

다음을 간단히 하여라.

② $\sqrt{18}\div\sqrt{6}+2\sqrt{3}$　　　② $2\sqrt{3}(\sqrt{3}-\sqrt{12})$

## 연습문제

1. 다음을 $a\sqrt{b}$ 꼴로 나타내어라.

① $\sqrt{80}$　　　② $\sqrt{243}$　　　③ $\sqrt{245}$

2. 다음을 계산하여라.

① $2\sqrt{3}\times\sqrt{6}$　　　② $\dfrac{2\sqrt{18}}{\sqrt{3}}$　　　③ $-\dfrac{6\sqrt{20}}{\sqrt{5}}$

3. 다음을 계산하여라.

① $7\sqrt{5}-\sqrt{20}+3\sqrt{3}$　　　② $\sqrt{12}-\sqrt{27}$　　　③ $7\sqrt{7}-\sqrt{28}-\sqrt{175}$

4. 다음 수의 분모를 유리화 하여라.

① $\frac{2}{\sqrt{3}}$ ② $-\frac{\sqrt{5}}{\sqrt{3}}$ ③ $\frac{\sqrt{2}-1}{\sqrt{3}}$

5. 다음 식을 간단히 하여라.

① $\sqrt{12}\times\sqrt{6}+8\sqrt{6}\div2\sqrt{3}-5\sqrt{3}$

② $\sqrt{24}\times\sqrt{2}-9\sqrt{6}\div3\sqrt{2}-4\sqrt{3}$

③ $\sqrt{2}(\sqrt{8}-3)+\frac{6-2\sqrt{3}}{\sqrt{2}}$

# 1-5 복소수의 사칙연산

**❶ 복소수의 상등**

$a,b,c,d$가 실수일 때

1) $a+bi=c+di \Leftrightarrow a=c,\ b=d$

2) $a+bi=0 \Leftrightarrow a=0,\ b=0$

위에서 $a,b,c,d$가 실수라는 조건에 주의해야 한다. 예를 들어 $a+bi=0$에서 $a,b$가 실수라는 조건이 없으면 $a=1,\ b=i$인 경우에

$$a+bi=1+i\times i=1+i^2=0$$

이 되어 $a+bi=0$이지만 $a\neq0, b\neq0$인 경우도 있을 수 있게 된다.

[참고] $a,b,c,d$가 유리수이고, $\sqrt{x}$가 무리수 일 때

- $a+b\sqrt{x}=c+d\sqrt{x} \Leftrightarrow a=c,\ b=d$
- $a+b\sqrt{x}=0 \Leftrightarrow a=0,\ b=0$

## 예제 1-5-1

실수 $a,b$가 $(a+b)+(b-a)i=4+8i$ 를 만족할 때 $a,b$를 구하여라.

풀이: $a,b$가 실수이면 $a+b, b-a$도 실수이므로

$a+b=4,\ b-a=8$

위 식을 연립하여 풀면 $a=-2, b=6$

## 문제 1-5-1

다음 등식이 성립하도록 실수 $x,y$의 값을 구하여라.

① $(x-2)+7yi=0$

② $y+(x+2y)i=(x+1)+8i$

❷ 실수가 아닌 두 복소수의 대소 관계는 존재하지 않는다.
만약 대소 관계가 존재한다면 $i>0$ 또는 $i<0$ 이어야 한다.
그러나 어느 경우나 $i^2>0$ 이어야 하는데 이는 $i^2=-1$ 이므로 모순에 도달한다.
따라서 허수들 사이에는 대소 관계가 존재하지 않는다.

❸ 복소수 $a+bi$에 대하여 허수부분의 부호를 바꾸어 놓은 복소수 $a-bi$를 $a+bi$의 **켤레복소수** 또는 **공액복소수**라 하고 이를 $\overline{a+bi}$로 나타낸다. 즉,

$$\overline{a+bi}=a-bi$$

이다. 한편, $\overline{a-bi}=a+bi$ 이므로 $a+bi$와 $a-bi$는 서로 켤레복소수이다.

## 예제 1-5-2

$\overline{2+3i}=2-3i$ , $\overline{3-6i}=3+6i$ , $\overline{3}=3$ , $\overline{2i}=-2i$

## 문제 1-5-2

다음 복소수의 켤레복소수를 구하여라.

① $1$　　② $4-i$

③ $\sqrt{2}\,i$　　④ $-4-3i$

### ❹ 복소수의 덧셈과 뺄셈

두 복소수 $a+bi, c+di$ 의 덧셈과 뺄셈은 다음과 같이 정의한다.

(1) $(a+bi)+(c+di)=(a+c)+(b+d)i$

(2) $(a+bi)-(c+di)=(a-c)+(b-d)i$

## 예제 1-5-3

① $(3+i)+(-2+5i)=\{3+(-2)\}+(1+5)i=1+6i$

② $(3-4i)-(7+6i)=(3-7)+\{(-4)-6\}i=-4-10i$

## 문제 1-5-3

다음을 계산하여라.

① $(3+2i)+(-7+i)$　　② $(4-5i)+(-8+2i)$

③ $(2-i)-5i$　　④ $(9-3i)-(15-7i)$

### ❺ 복소수의 곱셈과 나눗셈

두 복소수 $a+bi, c+di$ 의 곱셈과 나눗셈은 다음과 같이 정의한다.

(1) $(a+bi)(c+di)=(ac-bd)+(ad+bc)i$

(2) $\dfrac{a+bi}{c+di}=\dfrac{ac+bd}{c^2+d^2}+\dfrac{bc-ad}{c^2+d^2}i$　　(단, $c+di\neq 0$)

실제로 복소수의 곱셈과 나눗셈을 계산할 때 위의 정의를 적용하기 보다는 곱셈인 경우는 $i$를 문자처럼 생각하여 다항식의 곱셈과 같이 계산하고, 그 과정에서 $i^2$ 을 $-1$로 바꾸어 놓는다.

$$\begin{aligned}(a+bi)(c+di)&=ac+adi+bci+bdi^2\\&=ac+adi+bci+bd\times(-1)\\&=(ac-bd)+(ad+bc)i\end{aligned}$$

한편, 나눗셈인 경우는 분모의 켤레복소수를 분모와 분자에 곱하여 다음과 같이 계산한다.

$$\frac{a+bi}{c+di}=\frac{a+bi}{c+di}\times\frac{c-di}{c-di}=\frac{(ac+bd)+(bc-ad)i}{c^2+d^2}$$
$$=\frac{ac+bd}{c^2+d^2}+\frac{bc-ad}{c^2+d^2}i$$

특히 복소수 $z=a+bi$ 에 대하여

$z\bar{z}=(a+bi)(a-bi)=a^2-abi+abi-bi^2=a^2-b^2\times(-1)=a^2+b^2$

임을 알 수 있다.

## 예제 1-5-4

다음을 계산하여라.

① $(5+2i)(-7+i)$ ② $\dfrac{2+3i}{1-2i}$

풀이: ① $(5+2i)(-7+i)=-35+5i-14i+2i^2$
$=-35-9i+2\times(-1)=-37-9i$

② $\dfrac{2+3i}{1-2i}=\dfrac{2+3i}{1-2i}\times\dfrac{1+2i}{1+2i}$
$=\dfrac{2+4i+3i+6i^2}{1^2-2^2i^2}=\dfrac{-4+7i}{5}$

## 문제 1-5-4

다음을 계산하여라.

① $(1+2i)(2+3i)$ ② $(1-5i)(3-2i)$

③ $\dfrac{1+2i}{3+2i}$ ④ $\dfrac{2+7i}{i}$

❻ 허수단위의 정의에 의하여

$$i^2=-1, (-i)^2=-1$$

이므로 $i, -i$ 는 방정식 $x^2=-1$ 의 근임을 알 수 있다. 즉, $-1$ 의 제곱근은 $i, -i$ 이다.

또, $(\sqrt{2}i)^2 = 2i^2 = -2, (-\sqrt{2}i)^2 = 2i^2 = -2$

이므로 $\sqrt{2}i, -\sqrt{2}i$ 는 방정식 $x^2 = -2$ 의 근이다. 즉, $-2$ 의 제곱근은 $\sqrt{2}i, -\sqrt{2}i$ 이다.

일반적으로 양의 실수 $a$ 에 대하여 $-a$ 의 제곱근은 $\sqrt{a}i, -\sqrt{a}i$ 이다. 여기서

$$\sqrt{-a} = \sqrt{a}i$$

로 나타내기로 한다. 이를테면 $\sqrt{-3} = \sqrt{3}i$, $\sqrt{-5} = \sqrt{5}i$ 이다.

## 예제 1-5-5

5 다음 수의 제곱근을 구하여라.

① $-4$  ② $-\frac{1}{9}$

풀이: ① $-4$ 의 제곱근은 $\pm\sqrt{-4} = \pm\sqrt{4}i = \pm 2i$

② $-\frac{1}{9}$ 의 제곱근은 $\pm\sqrt{-\frac{1}{9}} = \pm\sqrt{\frac{1}{9}}i = \pm\frac{1}{3}i$

## 문제 1-5-5

다음 수의 제곱근을 구하여라.

① $-36$  ② $-125$

## 예제 1-5-6

다음을 계산하여라.

① $2\sqrt{-27} - 3\sqrt{-3}$  ② $\frac{1}{3+\sqrt{-4}}$

풀이 : ① $2\sqrt{-27} - 3\sqrt{-3} = 2\sqrt{27}i - 3\sqrt{3}i = 6\sqrt{3}i - 3\sqrt{3}i = 3\sqrt{3}i$

② $\frac{1}{3+\sqrt{-4}} = \frac{1}{3+\sqrt{4}i} = \frac{1}{3+2i} = \frac{3-2i}{(3+2i)(3-2i)} = \frac{3-2i}{13}$

## 문제 1-5-6

다음을 계산하여라.

① $\sqrt{-32} - \sqrt{-18}$ ② $\dfrac{1-\sqrt{-12}}{2-\sqrt{-3}}$

### ❼ 복소수와 좌표평면

임의의 복소수 $z=a+bi$ 에 대하여 좌표평면위의 점$(a,b)$를 대응시키면 이 대응은 일대일 대응이다. 따라서 좌표평면위의 점을 하나의 복소수로 생각할 수 있고 이렇게 좌표평면위의 점을 복소수로 볼 때 이 좌표평면을 **복소평면** 또는 **가우스(Gauss)평면**이라고 부른다.

복소평면에서 원점과 복소수 $z=a+bi$ 사이의 거리를 복소수의 절댓값이라고 하고 $|z|$ 로 나타낸다.

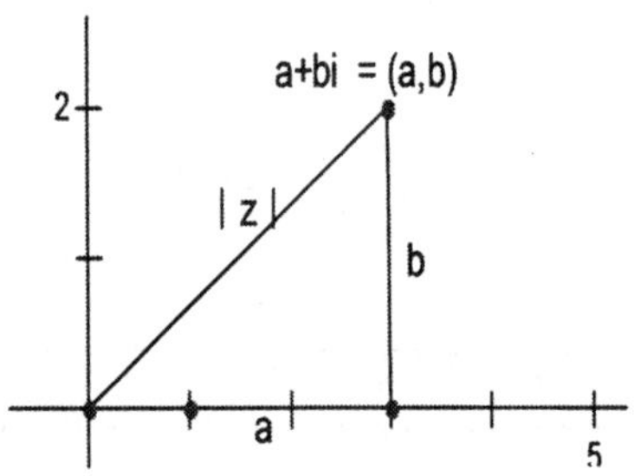


좌표평면위의 두 점사이의 거리를 구하면

$$|z| = \sqrt{a^2+b^2}$$

임을 알 수 있다.

한편,

$$z\bar{z} = (a+bi)(a-bi) = a^2+b^2$$

이므로

$$|z|^2 = z\bar{z}$$

이다.

## 예제 1-5-7

다음 복소수의 절댓값을 구하여라.

① $1+2i$　　② $2-3i$

풀이 ① $|1+2i| = \sqrt{1^2+2^2} = \sqrt{5}$

② $|2-3i| = \sqrt{2^2+(-3)^2} = \sqrt{13}$

## 문제 1-5-7

다음 복소수의 절댓값을 구하여라.

① $-4+3i$　　② $\dfrac{\sqrt{3}-i}{2i}$

## 연습문제

1. 다음 복소수의 실수부분과 허수부분을 각각 구하여라.

① $9+2i$　　② $7-3i$

③ $-3$　　④ $-11i$

2. 다음 복소수를 실수, 허수, 순허수로 구분하여라.

$-7$, $1-4i$, $2i$, $\dfrac{3-\sqrt{3}}{6}$, $-25i$, $12$, $3+\sqrt{2}\,i$

3. 다음 등식을 만족하는 실수 $a, b$의 값을 구하여라.

① $(a-2)+(b-1)i = 2-3i$

② $a(1-2i)+b(3+i) = 7+7i$

③ $\dfrac{a}{1+i}+\dfrac{b}{1-i} = 1-2i$

4. 다음 복소수의 켤레복소수를 구하여라.

① $8+3i$ ② $7$

③ $\frac{1}{2}-\frac{\sqrt{3}}{2}i$ ④ $10i$

5. 다음을 계산하여라.

① $(5-2i)+(7+5i)$ ② $(4-3i)+(10-8i)$

③ $(7-4i)-(3-5i)$ ④ $-2i-(3-5i)$

⑤ $(1+2i)(2+3i)$ ⑥ $(-2+i)(4-5i)$

⑦ $(2-3i)^2$ ⑧ $i^2(12-5i)$

⑨ $\frac{4+3i}{3+5i}$ ⑩ $\frac{1+i}{2-i}$

⑪ $\left(\frac{i}{1-3i}\right)^2$ ⑫ $\left(\frac{1-i}{1+i}\right)^2$

6. $\left(\frac{1+i}{1-i}\right)^{2012}$ 의 값을 구하여라.

7. 다음을 $a+bi$ (단, $a,b$ 는 실수)의 꼴로 나타내어라.

① $\sqrt{-8}+\sqrt{-50}$ ② $\left(\frac{\sqrt{8}}{\sqrt{-2}}\right)^3$

8. $i(x+2i)^2$ 이 정수가 되게 하는 실수 $x$ 의 값을 구하여라.

9. $\alpha=-2+i, \beta=1-2i$ 일 때 $\alpha\overline{\alpha}+\overline{\alpha}\beta+\alpha\overline{\beta}+\beta\overline{\beta}$ 의 값을 구하여라.

10. 임의의 두 복소수 $z, w$ 에 대하여 다음이 성립함을 증명하여라.

① $\overline{z+w}=\overline{z}+\overline{w}$ ② $\overline{z-w}=\overline{z}-\overline{w}$

③ $\overline{z\,w}=\overline{z}\;\overline{w}$ ④ $\overline{\left(\frac{z}{w}\right)}=\frac{\overline{z}}{\overline{w}}$

11. 다음 복소수의 절댓값을 구하여라.

① $3-i$ ② $-12+5i$

③ $\dfrac{1+i}{i}$ ④ $\dfrac{4+2i}{1+i}$

12. $a,b$가 실수일 때 다음 중에서 $\sqrt{ab}=\sqrt{a}\sqrt{b}$ 인 관계가 성립하지 않는 경우는?

① $a>0,\, b>0$ ② $a>0,\, b<0$

③ $a<0,\, b>0$ ④ $a<0,\, b<0$

13. $a\le 0, b<0$ 일 때 $\sqrt{\dfrac{a}{b}}=\dfrac{\sqrt{ab}}{\square}$ 이다. 이때 $\square$ 안에 알맞은 것은?

① $-b$ ② $b$ ③ $-\sqrt{b}$ ④ $\sqrt{b}$

14. 다음 식이 성립하도록 실수 $a,b$의 값을 구하여라.

① $\dfrac{a}{2+3i}+\dfrac{b}{2-3i}=\dfrac{8}{13}$ ② $\dfrac{1}{a+i}-\dfrac{1}{b+i}=\dfrac{1}{2+i}-\dfrac{1}{3+i}$

15. 두 복소수 $z=a+bi$, $w=b+ai$에 대하여 다음 물음에 답하라.
(단, $a,b$는 실수이고, $z\neq 0$ 이다.)

① $(z+w)(\overline{z}+\overline{w})$ 를 간단히 하여라.

② $\dfrac{w}{z}$와 $\dfrac{z}{w}$는 서로 켤레복소수임을 보여라.

# 제2장 문자와 식

$a\times b$와 같이 문자끼리의 곱셈에서는 종종 곱셈기호 ×를 생략하고 $a\cdot b$또는 $ab$와 같이 나타내는데 그 이유는 곱셈기호 ×와 문자 $x$와의 혼돈을 방지하기 위해서이다. 그러나 $2\times 3$와 같이 수끼리의 곱셈에서는 $2\cdot 3$과 같이는 사용하나, 23과 같이는 사용하지 않는데 그 이유는 수 23과 혼돈되기 때문이다.

## 2-1 지수법칙

2를 3번 곱한 것 $2\times 2\times 2$ 를 $2^3$과 같이 나타낸다. 즉,

$$2\times 2\times 2=2^3$$

일반적으로 $a$를 $n$번 곱한 것을 $a^n$으로 나타내고 이것을 $a$의 $n$제곱이라 한다.

$$\underbrace{a\cdot a\cdot \cdots \cdot a}_{n\text{개}}=a^n$$

$a^n$ 에서 $a$를 거듭제곱의 **밑**(base), $n$을 거듭제곱의 **지수**(exponent)라고 한다.
$a^1, a^2, a^3, \cdots$ 을 통틀어 $a$의 거듭제곱이라고 하며, $a^1$은 간단히 $a$로 나타낸다. 즉,

$$a^1=a$$

**[정리2-1] 지수법칙1(자연수 지수)**

$a, b$는 수, 변수, 또는 함수이며, $m, n$은 자연수라고 하자.

1) $a^m a^n = a^{m+n}$

2) $(a^m)^n = a^{mn}$

3) $\dfrac{a^m}{a^n} = \begin{cases} a^{m-n} & (m>n) \\ 1 & (m=n) \\ \dfrac{1}{a^{n-m}} & (m<n) \end{cases}$ (단, $a\neq 0$ )

4) $(ab)^n = a^n b^n$

5) $\left(\frac{a}{b}\right)^n = \frac{a^n}{b^n}$ (단, $b \neq 0$)

증명: 1) $a^m$ 은 $a$를 $m$번, $a^n$은 $a$를 $n$번 곱한 것이므로

$$a^m \cdot a^n = \underbrace{a \cdot a \cdot \cdots \cdot a}_{m\text{개}} \cdot \underbrace{a \cdot a \cdot \cdots \cdot a}_{n\text{개}} = a^{m+n}$$

2) $(a^m)^n = \underbrace{a^m \cdot a^m \cdot \cdots \cdot a^m}_{n\text{번}} = a^{mn}$

3) ① $m > n$일 때

$$\frac{a^m}{a^n} = \frac{a^{m-n} \cdot a^n}{a^n} = a^{m-n}$$

② $m = n$일 때

$$\frac{a^m}{a^n} = \frac{a^m}{a^m} = 1$$

③ $m < n$일 때

$$\frac{a^m}{a^n} = \frac{a^m}{a^m \cdot a^{n-m}} = \frac{1}{a^{n-m}}$$

4) $(ab)^n = \underbrace{ab \cdot ab \cdot \cdots \cdot ab}_{n\text{번}} = \underbrace{a \cdot a \cdot \cdots \cdot a}_{n\text{번}} \cdot \underbrace{b \cdot b \cdot \cdots \cdot b}_{n\text{번}} = a^n b^n$

5) $\left(\frac{a}{b}\right)^n = \underbrace{\frac{a}{b} \cdot \frac{a}{b} \cdot \cdots \cdot \frac{a}{b}}_{n\text{번}} = \frac{\overbrace{a \cdot a \cdot \cdots \cdot a}^{n\text{번}}}{\underbrace{b \cdot b \cdot \cdots \cdot b}_{n\text{번}}} = \frac{a^n}{b^n}$

## 예제 2-1-1

지수법칙을 이용하여 다음 식을 간단히 하여라.

① $(a^2)^5 (a^3)^4$

② $(a^2)^2 (b^3)^2 a^3$

③ $x^{12} \div (x^3)^2$ (단, $x \neq 0$ )

④ $(x^4)^2 \div (x^5)^3$ (단, $x \neq 0$ )

⑤ $(-2x^4y^2)^3$ ⑥ $\left(\dfrac{3x^4}{y^2}\right)^3$ (단, $y \neq 0$ )

풀이: ① $(a^2)^5(a^3)^4 = a^{2\times 5}a^{3\times 4} = a^{10}a^{12} = a^{10+12} = a^{22}$

② $(a^2)^2(b^3)^2a^3 = a^4b^6a^3 = a^7b^6$

③ $x^{12} \div (x^3)^2 = \dfrac{x^{12}}{(x^3)^2} = \dfrac{x^{12}}{x^6} = x^{12-6} = x^6$

④ $(x^4)^2 \div (x^5)^3 = \dfrac{(x^4)^2}{(x^5)^3} = \dfrac{x^8}{x^{15}} = \dfrac{1}{x^{15-8}} = \dfrac{1}{x^7}$

⑤ $(-2x^4y^2)^3 = (-2)^3(x^4)^3(y^2)^3 = -8x^{12}y^6$

⑥ $\left(\dfrac{3x^4}{y^2}\right)^3 = \dfrac{(3x^4)^3}{(y^2)^3} = \dfrac{3^3(x^4)^3}{y^6} = \dfrac{27x^{12}}{y^6}$

## 문제 2-1-1

지수법칙을 이용하여 다음 각 식을 간단히 하여라.

① $(a^5)^3(-a^4)^6$ ② $(x^3)^2(y^2)^4x^7$

③ $(x^3)^5 \div (x^4)^2 \div x^7$ (단, $x \neq 0$ ) ④ $(x^6)^7 \div (x^9)^4$ (단, $x \neq 0$ )

⑤ $(-2x^5y^4)^6$ ⑥ $\left(\dfrac{-x^7}{2y^3}\right)^4$ (단, $y \neq 0$ )

지수법칙 $a^m a^n = a^{m+n}$ 이 $m=0$일 때에도 성립한다면 자연수 $n$에 대하여

$a^0a^n = a^{0+n} = a^n$ 이므로 $a^0 = \dfrac{a^n}{a^n} = 1$ (단, $a \neq 0$) 이 되어야 한다. 따라서

$a \neq 0$ 일 때

$$a^0 = 1$$

으로 정의한다.

[주의 : $0^0$ 은 정의하지 않는다.]

또, $a \neq 0$ 이고, $n$이 자연수일 때 지수법칙 $a^m a^n = a^{m+n}$ 이 $m=-n$ 일 때에도 성

립한다면 $a^{-n}a^{n}=a^{-n+n}=a^{0}=1$ 이므로 $a^{-n}=\frac{1}{a^{n}}$ 이 되어야한다.

따라서 $a\neq 0$ 이고, $n$이 자연수일 때

$$a^{-n}=\frac{1}{a^{n}}$$

으로 정의한다.

## 예제 2-1-2

다음 값을 구하여라.

① $3^{0}$ ② $(-3)^{-2}$

풀이 : ① $3^{0}=1$

② $(-3)^{-2}=\frac{1}{(-3)^{2}}=\frac{1}{9}$

## 문제 2-1-2

다음 값을 구하여라.

① $(-2)^{0}$ ② $(-2)^{-3}$

$a\neq 0$ 이고, $n$이 자연수일 때

$$a^{-n}=\frac{1}{a^{n}}$$

으로 정의하면, 정리2-1의 지수법칙은 지수가 정수일 때에도 성립한다.

예를 들어 $n=-p$($p$는 자연수) 이고, $m>p$ 이라면

$$a^{m}\cdot a^{n}=a^{m}\cdot a^{-p}=a^{m}\cdot\frac{1}{a^{p}}=a^{m-p}=a^{m+(-p)}=a^{m+n}\qquad (\text{단, } a\neq 0)$$

**[정리2-2] 지수법칙2(정수지수)**

$a \neq 0$, $b \neq 0$ 이고, $m, n$ 이 정수일 때

(1) $a^m a^n = a^{m+n}$

(2) $(a^m)^n = a^{mn}$

(3) $\dfrac{a^m}{a^n} = a^{m-n}$

(4) $(ab)^n = a^n b^n$

(5) $\left(\dfrac{a}{b}\right)^n = \dfrac{a^n}{b^n}$

## 예제 2-1-3

다음 식을 간단히 하여라.

① $a^{-5} \div (a^2)^{-3}$ (단, $a \neq 0$)　　② $\dfrac{9^2 \times 81^{-2} \times 3^3}{3^{-6} \times 27^3}$

풀이: ① $a^{-5} \div (a^2)^{-3} = \dfrac{a^{-5}}{a^{-6}} = a^{-5-(-6)} = a^{-5+6} = a^1 = a$

② $$\frac{9^2 \times 81^{-2} \times 3^3}{3^{-6} \times 27^3} = \frac{(3^2)^2 \times (3^4)^{-2} \times 3^3}{3^{-6} \times (3^3)^3} = \frac{3^4 \times 3^{-8} \times 3^3}{3^{-6} \times 3^9}$$
$$= 3^{4+(-8)+3-(-6)-9} = 3^{-4}$$
$$= \frac{1}{81}$$

## 문제 2-1-3

다음 식을 간단히 하여라.

① $\dfrac{(2^{-4})^{-2} \times 16^2}{(-4)^3 \times 8^3}$　　② $\dfrac{(a^{-2})^2 \times (a^2)^{-3}}{(a^{-3})^{-2} \times (a^{-4})^3}$ (단, $a \neq 0$)

# 연습문제

1. 다음을 간단히 하여라.

① $2^{-7} \cdot 2^{8}$ ② $\left(\frac{12}{7}\right)^{0}$ ③ $\frac{7^{0}}{11}$

④ $\left(-\frac{2}{3}\right)^{3}$ ⑤ $-\left(\frac{3}{4}\right)^{2}$ ⑥ $\frac{(0.1)^{-2}}{2^{-2}}$

2. 다음을 간단히 하여라.(단, $a \neq 0, b \neq 0$ )

① $(a^{2}b^{-2})^{-3}$ ② $a^{-4} \div (a^{2})^{-3}$ ③ $\left(\frac{3}{a}\right)^{-2}(\sqrt{3}\,a)^{2}$

④ $(2ab^{2})^{-3}\left(\frac{a}{b^{-2}}\right)^{3}$ ⑤ $\left(\frac{3a}{2b^{2}}\right)^{-2}\left(\frac{b}{3}\right)^{-3}$ ⑥ $\frac{(a^{2})^{3} \times (a^{4})^{-2} \times a^{3}}{a^{-5} \times (a^{3})^{3}}$

3. 지수를 사용하여 다음 각 식을 분수가 없게 나타내어라.(단, $abcxyz \neq 0$)

① $\frac{1}{a^{3}}$ ② $\frac{x^{-2}}{y}$ ③ $\frac{a^{5}}{b^{3}}$

④ $\frac{x^{2}y^{-3}}{z^{4}}$ ⑤ $\frac{a^{-4}b^{3}}{c^{-5}}$ ⑥ $\frac{x^{-1}y^{-2}z^{-3}}{x^{-2}y^{-1}z^{-3}}$

4. $8^{4^{2}} = 2^{\square}$ 일 때 $\square$ 안에 알맞은 수를 구하여라.

5. 물의 분자 한 개의 질량은 $3 \times 10^{-26}\,kg$ 이라고 한다. 물 $300\,g$ 에 들어 있는 물의 분자의 개수를 구하여라.

## 2-2 다항식의 덧셈과 뺄셈

$2, x, x^2, xy, -3a^2b$ 등과 같이 몇 개의 수 또는 문자의 곱으로 이루어진 식을 **단항식**(monomial)이라 하고, 단항식에서 곱해진 문자의 개수를 그 단항식의 **차수**라 하며, 문자이외의 부분을 **계수**라고 한다. 특정한 문자에 대하여 생각할 때 그 문자가 곱해진 개수를 그 문자에 대한 차수, 그 문자를 제외한 나머지 부분을 그 문자에 대한 계수라 한다. 예를 들어 단항식 $2a^2bx$ 에는 곱해진 문자의 개수는 4개($a$가 2개, $b$가 1개, $x$가 1개)이므로 차수는 4이고, 계수는 2이다. 한편, 문자 $a$에 대해서만 생각하면, $a$가 2개 곱해져 있으므로 $a$에 대한 차수는 2이고, $a$를 제외한 나머지 $2bx$는 $a$에 대한 계수이다.

### 예제 2-2-1

단항식 $-3axy^2$ 에 대하여 다음을 구하여라.

① 차수 ② 계수 ③ $x$의 차수 ④ $x$의 계수

풀이: ① $a$가 1개, $x$가 1개, $y$가 2개 곱해져 있으므로 이 단항식의 차수는 4

② 문자이외의 부분은 $-3$ 이므로 구하는 계수는 $-3$ 이다.

③ $x$가 곱해진 개수가 1개 이므로 $x$의 차수는 1이다.

④ $x$ 이외의 부분인 $-3ay^2$ 이 $x$의 계수이다.

### 문제 2-2-1

단항식 $3a^2bx$에 대하여 다음을 구하여라.

① 차수 ② 계수 ③ $a$의 차수 ④ $a$의 계수

단항식 또는 단항식의 합으로 나타내어진 식을 **다항식**(polynomial)이라고 하며, 더해진 각 단항식을 다항식의 **항**(term)이라 한다. 다항식에서 차수가 가장 높은 항을 그 **다항식의 차수**라 한다. 한편, 다항식에서 특정한 문자를 주목할 때 차수가 같은 항을 그 문자에 대한 **동류항**(like term)이라 하고, 그 문자를 포함하지 않은 항을 그 문자에 대한 **상수항**이라 한다. 예를 들어 다항식 $5x^3y^2z^2+2xy^5+y^2+1$ 은 $x,y,z$ 에 대한 7차 다항식, $x,y$ 에 대한 6차 다항식, $x$ 에 대한 3차 다항식이며, $5x^3y^2z^2$ 와 $y^2$ 은 $y$ 에 대한 동류항이고, $y^2+1$ 은 $x$ 에 대한 상수항이다

## 예제 2-2-2

다항식 $2x^2y+3x^2-5y+1$ 에 대하여 다음을 구하여라.

① $x,y$ 에 대한 다항식의 차수 ② $x$ 에 대한 다항식의 차수

③ $x,y$ 에 대한 상수항 ④ $x$ 에 대한 상수항

풀이: ① $x,y$ 에 대한 3 차 다항식

② $x$ 에 대한 2 차 다항식

③ $x,y$ 에 대한 상수항은 1 이다.

④ $x$ 에 대한 상수항은 $-5y+1$ 이다.

## 문제 2-2-2

다항식 $2y^4-x^2y+3xy^2+6$ 에 대하여 다음을 구하여라.

① $x,y$ 에 대한 다항식의 차수 ② $x$ 에 대한 다항식의 차수

③ $x,y$ 에 대한 상수항 ④ $x$ 에 대한 상수항

다항식에서 한 문자에 대하여 차수가 높은 항부터 낮은 항의 순서로 나열하는 것을 그 문자에 대하여 **내림차순**으로 정리한다하고, 차수가 낮은 항부터 높은 항의 순서로 나열하는 것을 그 문자에 대하여 **오름차순**으로 정리한다고 한다. 다항식의 정리할 때는 한 문자에 대한 오름차순이나 내림차순으로 정리하고, 동류항이 있으면 동류항끼리는 묶어서 한 항으로 나타낸다.

## 예제 2-2-3

다항식 $4x^2+xy-x-y^3+5xy+2y+2x$ 에 대하여 다음을 구하여라.

① $x$ 에 대하여 내림차순으로 정리하여라.

② $y$ 에 대하여 오름차순으로 정리하여라.

풀이 : 주어진 식을 동류항끼리 묶으면 $4x^2+6xy+x-y^3+2y$

① $4x^2+(6y+1)x-y^3+2y$

② $4x^2+x+2(3x+1)y-y^3$

## 문제 2-2-3

다항식 $x^3+x^2y-x-y^3x+3x^2y+2y^2+3x$ 에 대하여 다음을 구하여라.

① $x$ 에 대하여 내림차순으로 정리하여라.

② $y$ 에 대하여 오름차순으로 정리하여라.

### ❶ 다항식의 덧셈과 뺄셈

다항식 $A, B$ 에 대하여 $A+B, A-B$ 는 $A$ 와 $B$ 의 동류항끼리 모아서 정리한다.
이 때
$A+B, A-B$ 는 다항식이 되므로 다항식의 집합은 덧셈과 뺄셈에 대하여 닫혀있다.
다항식의 뺄셈에서 괄호를 풀 때

(1) $+(2x-3y)=2x-3y$ 와 같이 괄호 앞이 + 이면 괄호안의 부호를 그대로 하고,

(2) $-2(2x-3y)=-4x+6y$ 와 같이 괄호 앞이 − 이면 괄호안의 부호를 바꾼다.

일반적으로 다항식의 덧셈과 뺄셈에 대하여 다음과 같은 성질이 성립한다.

**[정리2-3] 다항식의 덧셈과 뺄셈**

다항식 $A, B, C$ 에 대하여

(1) 교환법칙 $A+B=B+A$

(2) 결합법칙 $(A+B)+C=A+(B+C)$

[참고] 결합법칙이 성립하므로 $(A+B)+C$ 또는 $A+(B+C)$ 을 $A+B+C$ 와 같이 괄호를 생략하여 나타내기도 한다.

## 예제 2-2-4

$A=2x^3-3x^2+4x-5$, $B=7x^3-5x^2+1$ 일 때 다음을 구하여라.

① $A+B$ ② $A-B$

풀이 : ① $A+B=(2x^3-3x^2+4x-5)+(7x^3-5x^2+1)$
$=(2+7)x^3+\{(-3)+(-5)\}x^2+(4+0)x+(-5+1)$
$=9x^3-8x^2+4x-4$

② $A-B=(2x^3-3x^2+4x-5)-(7x^3-5x^2+1)$
$=(2-7)x^3+\{(-3)-(-5)\}x^2+(4-0)x+(-5-1)$
$=-5x^3+2x^2+4x-6$

예제 2-2-4의 계산은 다음과 같이 동류항의 위치를 맞추어 세로로 계산할 수 있다.

①
$$\begin{array}{rl} & 2x^3-3x^2+4x-5 \\ + & 7x^3-5x^2+0x+1 \\ \hline & 9x^3-8x^2+4x-4 \end{array}$$

②
$$\begin{array}{rl} & 2x^3-3x^2+4x-5 \\ - & 7x^3-5x^2+0x+1 \\ \hline & -5x^3+2x^2+4x-6 \end{array}$$

## 문제 2-2-4

$A=3x^3-2x^2+7x-1$, $B=-2x^3+5x^2+3x+1$ 일 때 다음을 구하여라.

① $A+B$ ② $A-B$

③ $2A+3B$ ④ $3A-2B$

## 연습문제

1. 단항식 $\frac{1}{3}a^3x^2y$ 에 대하여 다음을 구하여라.

① 차수 ② 계수 ③ $x, y$ 에 대한 차수 ④ $x, y$ 에 대한 계수

2. 다항식 $x^3y^4 + x^2y^8 + 3x + y^6 + 6y$ 에 대하여 다음을 구하여라.

① $x,y$ 에 대한 다항식의 차수 ② $x$ 에 대한 다항식의 차수

③ $x, y$ 에 대한 상수항 ④ $x$ 에 대한 상수항

3. 다항식 $2x^4 + x^2y - x - y^4x + 3x^2y + 2y + 3x + 1$ 에 대하여 다음을 구하여라.

① $x$ 에 대하여 내림차순을 정리하여라.

② $y$ 에 대하여 오름차순을 정리하여라.

4. 다음 식을 간단히 하여라.

① $(3a-4)+(5b+9)$ ② $(2x+y)+(3x-2y)$

③ $(6a-b+4)-(2a+5)$ ④ $(-3x+2y+5)-(-x-3y+2)$

⑤ $a-\{b-3a+(-a+2b)-2a\}$ ⑥ $7x-y-\{2y-2(x-y)\}$

5. 다음 식을 간단히 하여라.

① $(4x^2-3x+1)+(5x^2-6x-4)$ ② $(3x^2-5x-7)-(2x^2+3x-5)$

③ $(2x^3+x^2-4x-5)+(x^3-3x^2+2)$ ④ $(-3x+2y+5)-(-x-3y+2)$

⑤ $(-x^2+2x-3)+(2x^2-5x+1)-(x^2-3x-4)$

⑥ $(-7x^2+2x+5)-(5-x-x^2)+(3x^3+6x^2-3x+2)$

6. $A = 4x^3 - 3x^2 + 2x - 1, B = x^3 - 2x^2 + 3x - 4, C = 5x^2 - 6x - 7$ 일 때 다음을 구하여라.

① $A+B+C$ ② $A-B+C$

③ $-2A+2B-C$ ④ $3A+2B-4C$

## 2-3 다항식의 곱셈과 곱셈공식

몇 개의 다항식의 곱으로 된 식을 하나의 다항식으로 나타내는 것을 **전개**한다고 하고, 전개하여 얻은 다항식을 **전개식**이라고 한다. 다항식과 다항식의 곱은 다항식이 되므로 다항식의 전체의 집합은 곱셈에 대하여 닫혀있으며, 일반적으로 다항식의 곱셈에 대하여 다음과 같은 성질이 성립한다.

**[정리2-4] 다항식의 곱셈**

다항식 $A, B, C$ 에 대하여

(1) 교환법칙 $AB = BA$

(2) 결합법칙 $(AB)C = A(BC)$

(3) 분배법칙 $A(B+C) = AB + AC$ , $(A+B)C = AC + BC$

[참고] 결합법칙이 성립하므로 $(AB)C$ 또는 $A(BC)$ 을 $ABC$ 와 같이 괄호를 생략하여 나타내기도 한다.

위의 정리를 이용하면 다항식들의 곱으로 이루어진 식의 전개를 조직적으로 구할 수 있다. 예를 들어

$$\begin{aligned}(x+2)(x+3) &= (x+2)x + (x+2)3 && \text{(분배법칙)}\\ &= (x^2+2x) + (3x+6) && \text{(분배법칙)}\\ &= x^2 + (2x+3x) + 6 && \text{(정리 2-2의 결합법칙)}\\ &= x^2 + 5x + 6 && \text{(분배법칙)}\end{aligned}$$

일반적으로 식을 전개할 때 다음과 같은 식으로 하면 편리하다.

$$(a+b)(x+y) = ax + ay + bx + by$$

## 예 제 2-3-1

다음 각 식을 전개하여라.

① $3x(5x-2y)$

② $(2x^2-3x+4)(x-2)$

풀이 : ① $3x(5x-2y)=(3x)(5x)+(3x)(-2y)=15x^2-6xy$

② $$\begin{aligned}(2x^2-3x+4)(x-2) &= (2x^2-3x+4)x+(2x^2-3x+4)(-2)\\ &= 2x^3-3x^2+4x-4x^2+6x-8\\ &= 2x^3-7x^2+10x-8\end{aligned}$$

## 문 제 2-3-1

다음 각 식을 전개하여라.

① $4x(-x+5y)$

② $(x^2-2xy-3y^2)(2x-3y)$

③ $(3x^2-2x+4)(x^2-2x-3)$

다항식의 곱셈을 전개할 때 다음 곱셈공식을 이용하면 편리하다.

[정리2-5] 곱셈공식

(1) $m(a\pm b)=ma\pm mb$ (복호동순)

(2) $(a\pm b)^2=a^2\pm 2ab+b^2$ (복호동순)

(3) $(a+b)(a-b)=a^2-b^2$

(4) $(x+a)(x+b)=x^2+(a+b)x+ab$

(5) $(ax+b)(cx+d)=acx^2+(ad+bc)x+bd$

(6) $(a\pm b)^3=a^3\pm 3a^2b+3ab^2\pm b^3$ (복호동순)

(7) $(a\pm b)(a^2\mp ab+b^2)=a^3\pm b^3$ (복호동순)

(8) $(a+b+c)^2=a^2+b^2+c^2+2ab+2bc+2ca$

(9) $(x+a)(x+b)(x+c)=x^3+(a+b+c)x^2+(ab+bc+ca)x+abc$

(10) $(a+b+c)(a^2+b^2+c^2-ab-bc-ca)=a^3+b^3+c^3-3abc$

(11) $(a^2+ab+b^2)(a^2-ab+b^2)=a^4+a^2b^2+b^4$

증명: (1) 분배법칙으로 알 수 있지만 기하학적으로도 알 수 있다. 오른쪽 도형의 전체 면적 $m(a+b)$은 두 개의 사각형의 면적의 합 $ma+mb$와 같다.

$\therefore\ m(a+b)=ma+mb$

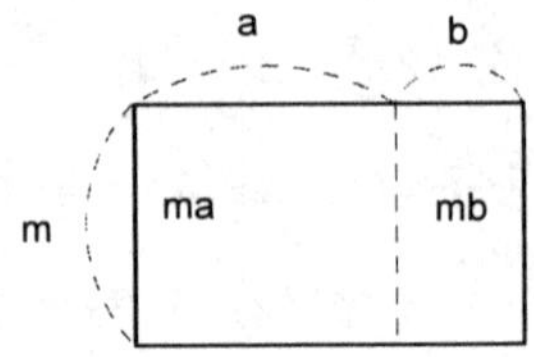


(2) 오른쪽 그림에서 전체도형의 면적 $(a+b)^2$은 사각형의 4개의 면적의 합 $a^2+2ab+b^2$과 같다.

$\therefore\ (a+b)^2=a^2+2ab+b^2$

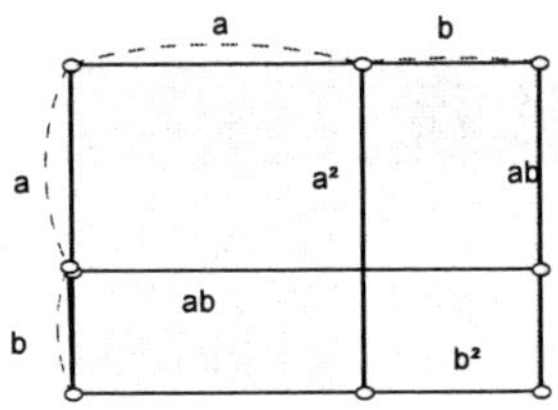


한편, 분배법칙과 곱셈에 관한 교환법칙을 이용하며

$$\begin{aligned}(a+b)^2 &= (a+b)(a+b)\\ &= (a+b)a+(a+b)b\\ &= a^2+ba+ab+b^2\\ &= a^2+2ab+b^2\end{aligned}$$

$$\begin{aligned}(a-b)^2 &= \{a+(-b)\}^2\\ &= a^2+2a(-b)+(-b)^2\\ &= a^2-2ab+b^2\end{aligned}$$

(3) $$\begin{aligned}(a+b)(a-b) &= (a+b)a+(a+b)(-b)\\ &= a^2+ba+a(-b)+b(-b)\\ &= a^2+ab-ab-b^2\\ &= a^2-b^2\end{aligned}$$

(4) $$\begin{aligned}(x+a)(x+b) &= (x+a)x+(x+a)b\\ &= x^2+ax+xb+ab\\ &= x^2+(a+b)x+ab\end{aligned}$$

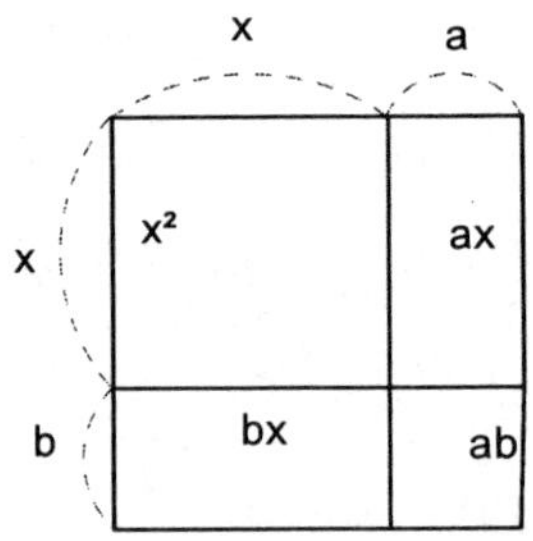


(5) $$\begin{aligned}(ax+b)(cx+d) &= (ax+b)(cx)+(ax+b)d\\ &= acx^2+bcx+adx+bd\\ &= acx^2+(ad+bc)x+bd\end{aligned}$$

(6) $(a+b)^3 = (a+b)^2(a+b)$
$= (a^2+2ab+b^2)a+(a^2+2ab+b^2)b$
$= a^3+2a^2b+ab^2+a^2b+2ab^2+b^3$
$= a^3+3a^2b+3ab^2+b^3$

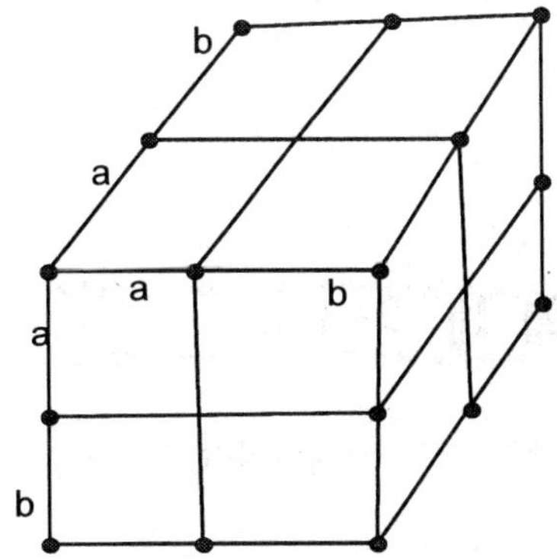


$(a-b)^3 = \{a+(-b)\}^3$
$= a^3+3a^2(-b)+3a(-b)^2+(-b)^3$
$= a^3-3a^2b+3ab^2-b^3$

(7) $(a+b)(a^2-ab+b^2) = a(a^2-ab+b^2)+b(a^2-ab+b^2)$
$= a^3-a^2b+ab^2+a^2b-ab^2+b^3$
$= a^3+b^3$

$(a-b)(a^2+ab+b^2) = a(a^2+ab+b^2)+(-b)(a^2+ab+b^2)$
$= a^3+a^2b+ab^2-a^2b-ab^2-b^3$
$= a^3-b^3$

(8) $(a+b+c)^2 = \{a+(b+c)\}^2 = a^2+2a(b+c)+(b+c)^2$
$= a^2+2ab+2bc+b^2+2bc+c^2$
$= a^2+b^2+c^2+2ab+2bc+2ca$

(9) $(x+a)(x+b)(x+c) = (x+a)\{(x+b)(x+c)\}$
$= (x+a)\{x^2+bx+cx+bc\}$
$= (x+a)x^2+(x+a)bx+(x+a)cx+(x+a)bc$
$= x^3+ax^2+bx^2+abx+cx^2+cax+bcx+abc$
$= x^3+(a+b+c)x^2+(ab+bc+ca)x+abc$

(10)

$(a+b+c)(a^2+b^2+c^2-ab-bc-ca)$
$= (a+b+c)a^2+(a+b+c)b^2+(a+b+c)c^2+(a+b+c)(-ab)+(a+b+c)(-bc)$
$+(a+b+c)(-ca)$
$= a^3+a^2b+a^2c+ab^2+b^3+b^2c+ac^2+bc^2+c^3-a^2b-ab^2-abc-abc-b^2c-bc^2$
$-ca^2-abc-c^2a$
$= a^3+b^3+c^3-3abc$

(11) $(a^2+ab+b^2)(a^2-ab+b^2) = (a^2+b^2+ab)(a^2+b^2-ab)$
$= (a^2+b^2)^2-(ab)^2$
$= a^4+2a^2b^2+b^4-a^2b^2$
$= a^4+a^2b^2+b^4$

## 예제 2-3-2

다음 식을 전개하여라.

① $(3x+1)^2$　　② $(4x-3)(4x+3)$

③ $(3x+5)(2x+4)$　　④ $(2x-y)^3$

⑤ $(x+2y-1)^2$　　⑥ $(2x-3)(4x^2+6x+9)$

⑦ $(x-1)(x+1)(x^2+1)(x^4+1)$　　⑧ $(x+y)(x-y)(x^2+xy+y^2)(x^2-xy+y^2)$

풀이: ① $(3x+1)^2=(3x)^2+2\cdot(3x)\cdot1+1^2$
$=9x^2+6x+1$

② $(4x-3)(4x+3)=(4x)^2-3^2=16x^2-9$

③ $(3x+5)(2x+4)=3\cdot2x^2+(3\cdot4+5\cdot2)x+5\cdot4$
$=6x^2+22x+20$

④ $(2x-y)^3=(2x)^3-3(2x)^2y+3(2x)y^2-y^3$
$=8x^3-12x^2y+6xy^2-y^3$

⑤ $(x+2y-1)^2=\{x+2y+(-1)\}^2$
$=x^2+(2y)^2+(-1)^2+2x(2y)+2(2y)(-1)+2(-1)x$
$=x^2+4y^2+1+4xy-4y-2x$

⑥ $(2x-3)(4x^2+6x+9)=(2x-3)\{(2x)^2+(2x)\cdot3+3^2\}$
$=(2x)^3-3^3$
$=8x^3-27$

⑦ $(x-1)(x+1)(x^2+1)(x^4+1)=\{(x-1)(x+1)\}(x^2+1)(x^4+1)$
$=(x^2-1)(x^2+1)(x^4+1)$
$=(x^4-1)(x^4+1)$
$=x^8-1$

⑧ $(x+y)(x-y)(x^2+xy+y^2)(x^2-xy+y^2)$

$$= \{(x+y)(x-y)\}\{(x^2+xy+y^2)(x^2-xy+y^2)\}$$
$$= (x^2-y^2)(x^4+x^2y^2+y^4)$$
$$= (x^2-y^2)\{(x^2)^2+x^2y^2+(y^2)^2\}$$
$$= (x^2)^3-(y^2)^3$$
$$= x^6-y^6$$

## 문제 2-3-2

다음 식을 전개하여라.

① $(2x+y)^2$

② $(3x+5)(2x-7)$

③ $(x+2)^3$

④ $(3x-2y)^3$

⑤ $(3x-4y+2)^2$

⑥ $(x-2y)(x^2+2xy+4y^2)$

⑦ $(x-1)(x-2)(x-3)$

⑧ $(x-1)(x+1)(x^2+x+1)(x^2-x+1)$

## 연습문제

1. 다음 각 식을 전개하여라.

① $x(3x+y+2)$

② $(9x^2y+2xy^2-3xy)(x+2y)$

③ $(x^2+xy+4y^2+2)(xy+2x+3y)$

④ $(xy+x-2y)(x^3+3xy^2+y^3)$

2. 곱셈공식을 이용하여 다음의 각 식을 전개하여라.

① $(2x+1)^2$

② $(3a+4b)^2$

③ $(5x-2)^2$

④ $(3a-2b)^2$

⑤ $(x-4)(x+4)$

⑥ $(5-2a)(5+2a)$
⑦ $(x+3)(x+7)$
⑧ $(a+2)(a-3)$
⑨ $(2x+1)(3x+2)$
⑩ $(2a-3b)(a+2b)$
⑪ $(x+3)^3$
⑫ $(a+2b)^3$
⑬ $(2x-y)^3$
⑭ $(3a-2b)^3$
⑮ $(x+y+1)^2$
⑯ $(a-2b+1)^2$
⑰ $(x+1)(x-3)(x+4)$
⑱ $(2a+1)(2a+3)(2a+4)$

## 2-4 다항식의 나눗셈

이 단원을 통틀어 나누는 식 또는 분모는 모두 0이 아니다.

### ❶ (다항식)÷(단항식)

(다항식)÷(단항식) 의 계산은 다항식의 각 항을 단항식으로 나누거나 나눗셈을 곱셈으로 고쳐서 계산한다. 예를 들어

$(6x^2+2xy)\div 2x$ 의 계산을 다음 방법1 또는 방법2 와 같이하면 된다.

[방법1] 다항식의 각 항을 단항식으로 나누는 방법

$$\begin{aligned}(6x^2+2xy)\div 2x &= \frac{6x^2+2xy}{2x}\\ &= \frac{6x^2}{2x}+\frac{2xy}{2x}\\ &= 3x+y\end{aligned}$$

[방법2] 곱셈으로 고쳐서 계산하는 방법

$$\begin{aligned}(6x^2+2xy)\div 2x &= (6x^2+2xy)\cdot \frac{1}{2x}\\ &= 6x^2\cdot \frac{1}{2x}+2xy\cdot \frac{1}{2x}\\ &= 3x+y\end{aligned}$$

## 예제 2-4-1

다음을 계산하여라.

① $(6x^2y+9xy^2+3xy)\div 3xy$

② $(x^2+2xy)\div \frac{1}{5}x$

풀이: ① $$\begin{aligned}(6x^2y+9xy^2+3xy)\div 3xy &= \frac{6x^2y+9xy^2+3xy}{3xy}\\ &= \frac{6x^2y}{3xy}+\frac{9xy^2}{3xy}+\frac{3xy}{3xy}\\ &= 2x+3y+1\end{aligned}$$

② $$\begin{aligned}(x^2+2xy)\div \frac{1}{5}x &= (x^2+2xy)\cdot \frac{5}{x}\\ &= x^2\cdot \frac{5}{x}+2xy\cdot \frac{5}{x}\\ &= 5x+10y\end{aligned}$$

## 문제 2-4-1

다음을 계산하여라.

① $(12x^2-4xy+8x)\div 4x$

② $(2x^2y-5xy-3xy^2)\div \left(-\frac{1}{3}xy\right)$

### ❷ (다항식)÷(다항식)

다항식을 다항식으로 나눌 때는 먼저 두 다항식을 내림차순으로 정리한 다음 자연수의 나눗셈과 같은 방법으로 한다.

예를 들어, $(x^3-3x^2+5)\div(x^2-x+1)$은 다음과 같이 계산한다.

$$
\begin{array}{r|l}
 & x-2 \quad \cdots \text{ 몫} \\
x^2-x+1 & x^3-3x^2 \qquad +5 \\
 & x^3-x^2+x \quad \cdots (x^2-x+1)\times x \\
 & -2x^2-x+5 \\
 & -2x^2+2x-2 \quad \cdots (x^2-x+1)\times(-2) \\
 & -3x+7 \quad \cdots \text{ 나머지}
\end{array}
$$

따라서 몫은 $x-2$, 나머지는 $-3x+7$이다.

위의 나눗셈에서

$$(x^3-3x^2+5)=(x^2-x+1)\underbrace{(x-2)}_{\text{몫}}+\underbrace{(-3x+7)}_{\text{나머지}}$$

와 같이 나타낼 수 있으며 일반적으로 다항식의 나눗셈에 대하여 다음이 성립한다.

**[정리 2-6]** 다항식 $A$를 다항식 $B$로 나누었을 때 몫을 $Q$, 나머지를 $R$이라하면

$A=BQ+R$ (단, $R$의 차수는 $B$의 차수보다 낮다.)

이때 $R=0$이면 $A$는 $B$로 나누어떨어진다고 한다.

## 예제 2-4-2

$A=2x^3-3x^2+5x+1$를 $B=x^2-2x+3$로 나누어 몫$Q$와 나머지$R$을 구하고, $A=BQ+R$ 의 꼴로 나타내어라,

풀이:

$$
\begin{array}{r|l}
 & 2x+1 \quad \cdots \text{ 몫} \\
x^2-2x+3 & 2x^3-3x^2+5x+1 \\
 & 2x^3-4x^2+6x \quad \cdots (x^2-2x+3)\times 2x \\
 & x^2-x+1 \\
 & x^2-2x+3 \quad \cdots (x^2-2x+3)\times 1 \\
 & x-2 \quad \cdots \text{ 나머지}
\end{array}
$$

따라서 구하는 몫 $Q=2x+1$, 나머지 $R=x-2$이다.

$\therefore\ 2x^3-3x^2+5x+1=(x^2-2x+3)(2x+1)+(x-2)$

## 문제 2-4-2

다음 각각에서 $A$를 $B$로 나누어 몫$Q$와 나머지$R$을 구하고,
$A=BQ+R$ 의 꼴로 나타내어라.

① $A=x^3+2$ , $B=x^2-x+1$

② $A=4x^3+x+1$ , $B=x^2+2x-3$

### ❸ 나머지정리와 인수정리

다항식을 일차식으로 나누었을 때 나눗셈을 실제로 하지 않고 간편하게 나머지를 구하는 다음 방법이 있다.

> **[정리 2-7] 나머지정리**
>
> 다항식 $f(x)$를
>
> (1) $(x-\alpha)$로 나눈 나머지를 $R$이라면 $R=f(\alpha)$
>
> (2) $ax+b\,(a\neq 0)$로 나눈 나머지를 $R$이라면 $R=f(-\frac{b}{a})$

증명: (1) 다항식 $f(x)$를 $(x-\alpha)$로 나누었을 때 몫을 $Q(x)$, 나머지를 $R$이라면

$$f(x)=Q(x)(x-\alpha)+R$$

가 성립한다. 위 등식은 항등식이므로 $x=\alpha$를 대입하면

$$f(\alpha)=Q(\alpha)(\alpha-\alpha)+R$$

$$\therefore R=f(\alpha)$$

(2) 다항식 $f(x)$를 $ax+b$로 나누었을 때 몫을 $Q(x)$, 나머지를 $R$이라면

$$f(x)=Q(x)(ax+b)+R$$

가 성립한다. 위 등식은 항등식이므로 $x=-\frac{b}{a}$를 대입하면

$$f(-\frac{b}{a})=Q(-\frac{b}{a})\left\{a(-\frac{b}{a})+b\right\}+R=Q(-\frac{b}{a})(-b+b)+R=R$$

$$\therefore R=f(-\frac{b}{a})$$

## 예제 2-4-3

다항식 $f(x)=2x^3-4x^2-5x+2$ 을 다음 일차식으로 나누었을 때 나머지를 구하여라.

① $x-1$ ② $x+2$

③ $2x-1$ ④ $2x+3$

풀이 : ① $f(1)=2-4-5+2=-5$

② $f(-2)=2(-2)^3-4(-2)^2-5(-2)+2=-20$

③ $f(\frac{1}{2})=2(\frac{1}{2})^3-4(\frac{1}{2})^2-5(\frac{1}{2})+2=-\frac{5}{4}$

④ $f(-\frac{3}{2})=2(-\frac{3}{2})^3-4(-\frac{3}{2})^2-5(-\frac{3}{2})+2=-\frac{25}{4}$

## 문제 2-4-3

다항식 $f(x)=6x^3+5x^2-2x+4$ 을 다음 일차식으로 나누었을 때 나머지를 구하여라.

① $x+1$ ② $x-2$

③ $2x-1$ ④ $3x+1$

**[정리 2-8] 인수정리**

$x$ 에 대한 다항식 $f(x)$ 가 $x-\alpha$ 로 나누어떨어지기 위한 필요충분조건은 $f(\alpha)=0$ 이다.

증명 : ($\Rightarrow$) $f(x)$ 가 $x-\alpha$ 로 나누어떨어진다고 하면 적당한 다항식 $Q(x)$가 존재하여

$$f(x)=Q(x)(x-\alpha) \cdots \boxed{1}$$

가 되어야 한다. $\boxed{1}$ 에 $x=\alpha$ 를 대입하면

$$f(\alpha)=0$$

($\Leftarrow$) 나머지 정리로부터 $f(x)$ 를 $x-\alpha$ 로 나눈 나머지는 $f(\alpha)=0$ 이므로 $f(x)$ 가 $x-\alpha$ 로 나누어떨어진다.

## 예제 2-4-4

다항식 $x^3-5x+a$ 가 $x-2$ 로 나누어떨어지도록 상수 $a$ 의 값을 정하여라.

풀이 : $f(x)=x^3-5x+a$ 라 두면 인수정리에 의하여

$$f(2)=2^3-5\cdot 2+a=0$$

$$\therefore a=2$$

## 문제 2-4-4

다음을 구하여라.

① 다항식 $x^3+ax^2-4$ 가 $x+2$ 로 나누어떨어지도록 상수 $a$ 의 값을 정하여라.

② 다항식 $x^3+ax^2-3x+2$ 가 $x+1$ 로 나누어떨어지도록 상수 $a$ 의 값을 정하여라.

**❹ 조립제법**(synthetic division)

다항식을 일차식으로 나눌 때 나머지를 구하려면 나머지정리를 이용하면 되지만, 그 몫과 나머지를 동시에 구하려면 직접 나눗셈을 하는 방법이 있다. 그러나 직접 나눗셈을 하지 않고 몫과 나머지를 구하는 방법을 알아보자.

다항식 $a_0x^n+a_1x^{n-1}+a_2x^{n-2}+\cdots+a_{n-1}x+a_n$ 을 $x-\alpha$ 로 나누었을 때 몫을 $b_0x^{n-1}+b_1x^{n-2}+\cdots+b_{n-2}x+b_{n-1}$ , 나머지를 $R$이라 하면

$$\begin{aligned}a_0x^n+a_1x^{n-1}+a_2x^{n-2}+\cdots+a_{n-1}x+a_n\\ &=(b_0x^{n-1}+b_1x^{n-2}+\cdots+b_{n-2}x+b_{n-1})(x-\alpha)+R\\ &=b_0x^n+(b_1-\alpha b_0)x^{n-1}+(b_2-\alpha b_1)x^{n-2}+\cdots+(b_{n-1}-\alpha b_{n-2})x+(R-\alpha b_{n-1})\end{aligned}$$

이며, 위 등식은 항등식이므로

$$b_0=a_0,\, b_1=a_1+\alpha b_0,\, b_2=a_2+\alpha b_1,\cdots,\, b_{n-1}=a_{n-1}+\alpha b_{n-2},\, R=a_n+\alpha b_{n-1}$$

이 결과로부터 몫의 계수들 $b_0, b_1, \cdots, b_{n-1}$ 와 나머지 $R$ 을 다음과 같은 방법으로 구할 수 있다.

| $\alpha$ | $a_0$ | | $a_1$ | | $a_2$ | | $\cdots$ | $a_{n-1}$ | | $a_n$ |
|---|---|---|---|---|---|---|---|---|---|---|
| | $\downarrow$ | | $\alpha b_0$ | | $\alpha b_1$ | | | $\alpha b_{n-2}$ | | $\alpha b_{n-1}$ |
| | $b_0$ | $\nearrow$ | $b_1$ | $\nearrow$ | $b_2$ | $\nearrow$ | | $b_{n-1}$ | $\nearrow$ | $R$ |

이와 같이 다항식을 일차식으로 나누었을 때 몫과 나머지를 구하는 방법을 **조립제법**이라고 한다.

## 예제 2-4-5

조립제법을 이용하여 다음 나눗셈의 몫과 나머지를 구하여라.

$$(x^3 - 2x^2 + 5x + 4) \div (x - 2)$$

풀이 :

| 2 | 1 | | −2 | | 5 | | 4 |
|---|---|---|---|---|---|---|---|
| | ↓ | | 2 | | 0 | | 10 |
| | 1 | ↗ | 0 | ↗ | 5 | ↗ | 14 |

위의 조립제법의 계산에서

몫은 $x^2 + 5$, 나머지는 14

## 문제 2-4-5

조립제법을 이용하여 다음 나눗셈의 몫과 나머지를 구하여라.

① $(x^3 + x^2 - 5x - 2) \div (x - 2)$

② $(x^4 - x^2 + 1) \div (x + 1)$

## 예제 2-4-6

$f(x) = 2x^3 + x^2 - 4x + 7$ 일때 조립제법을 이용하여 $f(1.5)$ 의 값을 구하여라.

풀이 : $f(1.5)$ 는 $f(x)$ 를 $(x - 1.5)$ 로 나누었을 때의 나머지와 같다.

| 1.5 | 2 | | 1 | | $-4$ | | 7 |
|---|---|---|---|---|---|---|---|
| | ↓ | | 3 | | 6 | | 3 |
| | 2 | ↗ | 4 | ↗ | 2 | ↗ | 10 |

$\therefore f(1.5) = 10$

## 문제 2-4-6

$f(x) = 4x^3 - 6x^2 + 3x + 5$ 일때 조립제법을 이용하여 $f(-0.5)$ 의 값을 구하여라.

한편, 다항식 $f(x)$를 $x + \frac{b}{a}$로 나누었을 때 몫을 $Q(x)$, 나머지를 $R$이라 하면

$$f(x) = (x + \frac{b}{a})Q(x) + R = (ax + b) \cdot \frac{1}{a}Q(x) + R$$

따라서 다항식 $f(x)$를 $ax + b$로 나누었을 때 몫은 $\frac{1}{a}Q(x)$, 나머지를 $R$이 된다.

## 예제 2-4-7

$(2x^3 - 7x^2 + 6) \div (2x + 1)$ 의 몫과 나머지를 구하여라.

풀이 : $2x + 1 = 2(x + \frac{1}{2})$ 이므로

먼저 $2x^3 - 7x^2 + 6$ 을 $x + \frac{1}{2}$ 로 나눈 몫과 나머지를 구하기 위하여 다음 계산을 한다.

| $-\frac{1}{2}$ | 2 | | $-7$ | | 0 | | 6 |
|---|---|---|---|---|---|---|---|
| | ↓ | | $-1$ | | 4 | | $-2$ |
| | 2 | ↗ | $-8$ | ↗ | 4 | ↗ | 4 |

따라서 $2x^3 - 7x^2 + 6$ 을 $x + \frac{1}{2}$ 로 나눈 몫은 $2x^2 - 8x + 4$ 이고, 나머지는 4 이다.

$$\therefore\ 2x^3 - 7x^2 + 6 = (x + \frac{1}{2})(2x^2 - 8x + 4) + 4$$
$$= (2x+1)(x^2 - 4x + 2) + 4$$

이므로 구하는 몫은 $x^2 - 4x + 2$ 이고, 나머지는 4 이다.

## 문제 2-4-7

다음 계산에서 몫과 나머지를 구하여라.

① $(4x^3 + 5x - 3) \div (2x + 1)$

② $(3x^4 - 3x^2 + 2) \div (3x - 2)$

## 연습문제

1. 다음을 계산하여라.

① $(a^2b - ab^2 + a^2b^2) \div (-ab)$

② $(5ax - 15ay + 10az) \div 5a$

③ $(3ax + \frac{3a}{2} - ayz) \div (-\frac{a}{2})$

④ $(x^3y^2 + 2x^4y) \div (-x^2)$

2. 가로와 세로의 길이가 각각 $3x, y$ 인 직육면체의 부피가 $9x^2y - 6xy^3$ 일 때 직육면체의 높이는?

3. 다음 각각에서 $A$ 를 $B$ 로 나누어 몫 $Q$ 와 나머지 $R$ 을 구하고, $A = BQ + R$ 의 꼴로 나타내어라.

① $A = 4x^2 + x - 2$, $B = 2x + 1$

② $A = x^3 + 2$, $B = x^2 - x + 1$

③ $A = x^3 + 3x - 5$, $B = x + 2$

④ $A = 2x^3 - x - 5$, $B = x - 2$

4. 다항식 $f(x)=x^2+3x-3$ 을 다음 일차식으로 나누었을 때 나머지를 구하여라.

① $x+1$　　② $x+2$

③ $2x+1$　　④ $2x-2$

5. 다음을 구하여라.

① 다항식 $2x^3+ax^2+x+2$ 가 $x+2$ 로 나누어떨어지도록 상수 $a$ 의 값을 정하여라.

② 다항식 $4x^4+ax^2+3x+1$ 가 $x+1$ 로 나누어떨어지도록 상수 $a$ 의 값을 정하여라.

6. 조립제법을 이용하여 다음 각 나눗셈의 몫과 나머지를 구하여라.

① $(x^3-4x^2+5x+3)\div(x-2)$

② $(2x^3-3x^2-4x+2)\div(x-3)$

7. 조립제법을 이용하여 다음을 구하여라.

① $f(x)=2x^3+x^2-4x+7$ 일 때 $f(\frac{3}{2})$ 의 값

② $f(x)=4x^3-6x^2+3x+5$ 일 때 $f(-\frac{2}{2})$ 의 값

## 2-5 인수분해

$x^2+5x+6=(x+2)(x+3)$ 이므로 $x^2+5x+6$ 을 $x+2$ 와 $x+3$ 의 곱으로 나타낼 수 있다. 이와 같이 하나의 다항식을 두 개 이상의 다항식의 곱으로 나타낼 때 각 다항식을 처음 다항식의 **인수**라 하고, 하나의 다항식을 두 개 이상의 인수의 곱으로 나타내는 것을 그 다항식을 **인수분해**한다고 한다. 인수분해는 전개의 역으로 볼 수 있다. 예를 들어

$$a^2-b^2 \underset{\text{전개}}{\overset{\text{인수분해}}{\rightleftarrows}} (a-b)(a+b)$$

이고, $(a-b)$ 와 $(a+b)$ 는 $a^2-b^2$ 의 인수이다.

인수분해는 다항식의 곱셈공식을 역으로 생각하면 되므로 곱셈공식에서 다음 인수분

해 공식을 얻는다.

**[정리2-9] 인수분해 공식**

(1) $ma \pm mb = m(a \pm b)$ (복호동순)

(2) $a^2 \pm 2ab + b^2 = (a \pm b)^2$ (복호동순)

(3) $a^2 - b^2 = (a+b)(a-b)$

(4) $x^2 + (a+b)x + ab = (x+a)(x+b)$

(5) $acx^2 + (ad+bc)x + bd = (ax+b)(cx+d)$

(6) $a^3 \pm 3a^2b + 3ab^2 \pm b^3 = (a \pm b)^3$ (복호동순)

(7) $a^3 \pm b^3 = (a \pm b)(a^2 \mp ab + b^2)$ (복호동순)

(8) $a^2 + b^2 + c^2 + 2ab + 2bc + 2ca = (a+b+c)^2$

(9) $a^3 + b^3 + c^3 - 3abc = (a+b+c)(a^2 + b^2 + c^2 - ab - bc - ca)$

(10) $a^4 + a^2b^2 + b^4 = (a^2 + ab + b^2)(a^2 - ab + b^2)$

(11) $a^n - b^n = (a-b)(a^{n-1} + a^{n-2}b + a^{n-3}b^2 + \cdots + ab^{n-2} + b^{n-1})$ (단, $n$은 자연수)

증명 : (9)
$$\begin{aligned} a^3 + b^3 + c^3 - 3abc &= (a+b)^3 - 3ab(a+b) + c^3 - 3abc \\ &= (a+b)^3 + c^3 - 3ab(a+b+c) \\ &= \{(a+b)+c\}\{(a+b)^2 - (a+b)c + c^2\} - 3ab(a+b+c) \\ &= (a+b+c)\{a^2 + 2ab + b^2 - ac - bc + c^2\} - 3ab(a+b+c) \\ &= (a+b+c)(a^2 + b^2 + c^2 - ab - bc - ca) \end{aligned}$$

(10)
$$\begin{aligned} a^4 + a^2b^2 + b^4 &= (a^2)^2 + 2a^2b^2 + (b^2)^2 - a^2b^2 \\ &= (a^2 + b^2)^2 - (ab)^2 \\ &= (a^2 + b^2 + ab)(a^2 + b^2 - ab) \\ &= (a^2 + ab + b^2)(a^2 - ab + b^2) \end{aligned}$$

(11) 우변을 전개하면 좌변이 되므로 주어진 인수분해공식은 성립한다.

$$\begin{aligned} a^2+b^2+c^2-ab-bc-ca &= \frac{1}{2}(2a^2+2b^2+2c^2-2ab-2bc-2ca) \\ &= \frac{1}{2}\{(a^2-2ab+b^2)+(b^2-2bc+c^2)+(c^2-2ca+a^2)\} \\ &= \frac{1}{2}\{(a-b)^2+(b-c)^2+(c-a)^2\} \end{aligned}$$

이므로 위의 인수분해공식 (9)를 다음과 같이 나타낼 수 도 있다.

$$\therefore\ a^3+b^3+c^3-3abc = \frac{1}{2}(a+b+c)\{(a-b)^2+(b-c)^2+(c-a)^2\}$$

또한, $n$이 홀수라면 $a^n+b^n=a^n-(-b)^n$ 이므로 위의 인수분해 공식 (11)로부터

$$\begin{aligned} a^n+b^n &= a^n-(-b)^n \\ &= \{a-(-b)\}\{a^{n-1}+a^{n-2}(-b)+\cdots+(-b)^{n-1}\} \\ &= (a+b)(a^{n-1}-a^{n-2}b+a^{n-3}b^2-\cdots+ab^{n-2}+(-1)^n b^{n-1}) \end{aligned}$$

따라서 $n$이 홀수라면

$$a^n+b^n=(a+b)(a^{n-1}-a^{n-2}b+a^{n-3}b^2-\cdots+ab^{n-2}+(-1)^n b^{n-1})$$

## 예제 2-5-1

다음 식을 인수분해 하여라.

① $abx^3-a^3bx$ ② $(x^2+1)^2-4x^2$

③ $3a^4b+5a^2bc+2bc^2$ ④ $54a^3+2$

⑤ $8a^3-36a^2b+54ab^2-27b^3$ ⑥ $a^3+b^3-6ab+8$

풀이 : ① 공통인수 $abx$로 묶어내고 공식 (3)을 이용한다.

$$abx^3-a^3bx=abx(x^2-a^2)=abx(x+a)(x-a)$$

② 
$$\begin{aligned} (x^2+1)^2-4x^2 &= (x^2+1)-(2x)^2 \\ &= \{(x^2+1)-2x\}\{(x^2+1)+2x\} \\ &= (x^2-2x+1)(x^2+2x+1) \\ &= (x-1)^2(x+1)^2 \end{aligned}$$

③ $3a^4b+5a^2bc+2bc^2 = b\{3(a^2)^2+5a^2c+2c^2\}$
$= b\{1 \cdot 3(a^2)^2+(3+2)a^2c+1 \cdot 2c^2\}$
$= b(a^2+c)(3a^2+2c^2)$

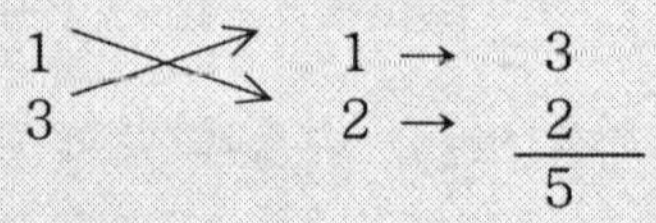

④ $54a^3+2=2(27a^3+1)=2\{(3a)^3+1^3\}$
$=2(3a+1)\{(3a)^2-(3a)\times 1+1^2\}$
$=2(3a+1)(9a^2-3a+1)$

⑤ $8a^3-36a^2b+54ab^2-27b^3 = (2a)^3-3(2a)^2(3b)+3(2a)(3b)^2-(3b)^3$
$=(2a-3b)^3$

⑥ $a^3+b^3-6ab+8 = a^3+b^3+2^3-3\times a\times b\times 2$
$=(a+b+2)\{a^2+b^2+2^2-ab-2b-2c\}$
$=(a+b+2)\{a^2+b^2-ab-2b-2c+4\}$

## 문제 2-5-1

다음 식을 인수분해 하여라.

① $3a^4b-2a^3b^2-a^2b^3$　　② $a^4-b^4$

③ $4a^2c^2-(a^2-b^2+c^2)^2$　　④ $a^2(a-3b)+3b-a$

⑤ $27a^3+27a^2b+9ab^2+b^3$　　⑥ $(x-1)^3-x^2+2x+1$

두 개 이상의 문자를 포함하고 있는 다항식의 인수분해에서 최저차인 문자에 대하여 내림차순으로 정리하면 인수분해가 쉽게 되는 경우가 있다.

## 예제 2-5-2

다음 식을 인수분해 하여라.

$$3x^2+4xy+y^2-10x-4y+3$$

풀이 : $x$ 의 차수는 2, $y$ 의 차수도 2 이므로 $x$ 에 대하여 내림차순으로 정리하면

$$\begin{aligned} 3x^2+4xy+y^2-10x-4y+3 &= 3x^2+(4y-10)x+y^2-4y+3 \\ &= 3x^2+(4y-10)x+(y-1)(y-3) \\ &= \{3x+(y-1)\}\{x+(y-3)\} \\ &= (3x+y-1)(x+y-3) \end{aligned}$$

$$\begin{array}{ccccc} 3 & \searrow\nearrow & y-1 & \rightarrow & y-1 \\ 1 & \nearrow\searrow & y-3 & \rightarrow & \underline{3y-9} \\ & & & & 4y-10 \end{array}$$

## 문제 2-5-2

다음 식을 인수분해 하여라.

① $6x^2+xy-y^2+x+3y-2$

② $ab(a-b)+bc(b-c)+ca(c-a)$

## 예제 2-5-3

다음 식을 인수분해 하여라.

$$x^2-y^2+2yz+2zx+4x+2y+2z+3$$

풀이 : $x$ 의 차수는 2, $y$ 의 차수는 2, $z$ 의 차수는 1이므로 $z$ 에 대하여 내림차순으로 정리하면

$$\begin{aligned} x^2-y^2+2yz+2zx+4x+2y+2z+3 &= (2x+2y+2)z+(x^2+4x-y^2+2y+3) \\ &= 2(x+y+1)z+\{x^2+4x-(y^2-2y-3)\} \\ &= 2(x+y+1)z+\{x^2+4x-(y+1)(y-3)\} \\ &= 2(x+y+1)z+(x+y+1)(x-y+3) \\ &= (x+y+1)(x-y+2z+3) \end{aligned}$$

## 문제 2-5-3

다음 식을 인수분해 하여라.

① $a^2b+b^2c-b^3-a^2c$

② $a^2bc+abd+bc-ab^2-ac^2-cd$

### ❶ 인수정리를 이용한 인수분해

계수가 모두 정수인 3차이상의 다항식을 인수분해 할 때에는 인수정리를 이용하면 편리하다.

> **[정리 2-10]** 계수가 모두 정수인 다항식 $a_0x^n + a_1x^{n-1} + a_2x^{n-2} + \cdots + a_{n-1}x + a_n$ 이 일차식 $px+q$ (단, $p, q$는 서로소)를 인수로 가지면 $q$는 $a_n$의 약수이고, $p$는 $a_0$의 약수이다.

증명: $a_0x^n + a_1x^{n-1} + a_2x^{n-2} + \cdots + a_{n-1}x + a_n$ 이 $px+q$ (단, $p, q$는 서로소)을 인수로 갖는다면 적당한 $n-1$차 다항식 $Q(x)$에 대하여

$$a_0x^n + a_1x^{n-1} + a_2x^{n-2} + \cdots + a_{n-1}x + a_n = (px+q)Q(x)$$

위 식에 $x = -\dfrac{q}{p}$ 를 대입하면

$$a_0\left(-\frac{q}{p}\right)^n + a_1\left(-\frac{q}{p}\right)^{n-1} + a_2\left(-\frac{q}{p}\right)^{n-2} + \cdots + a_{n-1}\left(-\frac{q}{p}\right) + a_n = 0$$

위 식의 양변에 $p^n$을 곱하면

$$a_0(-q)^n + a_1(-q)^{n-1}p + a_2(-q)^{n-2}p^2 + \cdots + a_{n-1}(-q)p^{n-1} + a_np^n = 0 \quad \cdots \boxed{1}$$

$\boxed{1}$ 식에서 $a_np^n$을 우변으로 이항하고, 양변을 $-q$로 나누면

$$a_0(-q)^{n-1} + a_1(-q)^{n-2}p + a_2(-q)^{n-3}p^2 + \cdots + a_{n-1}p^{n-1} = -\frac{a_np^n}{q}$$

위 식의 좌변은 정수이므로 우변도 정수이어야 한다. $p$와 $q$가 서로소이므로 $\dfrac{a_np^n}{q}$ 가 정수가 되기 위해서는 $q$ 가 $a_n$를 나누어야 된다.

$\therefore$ $q$는 $a_n$의 약수이다.

한편, $\boxed{1}$ 식에서 $a_0(-q)^n$을 우변으로 이항하고, 양변을 $p$로 나누면

$$a_1(-q)^{n-1} + a_2(-q)^{n-2}p + a_3(-q)^{n-3}p^2 + \cdots + a_np^{n-1} = -\frac{a_0(-q)^n}{p}$$

위 식의 좌변은 정수이므로 우변도 정수이어야 한다. $p$와 $q$가 서로소이므로 $-\dfrac{a_0(-q)^n}{p}$ 가 정수가 되기 위해서는 $p$ 가 $a_0$를 나누어야 된다.

$\therefore$ $p$ 는 $a_0$ 의 약수이다.

위 정리에서

$$a_0x^n + a_1x^{n-1} + a_2x^{n-2} + \cdots + a_{n-1}x + a_n = (px+q)Q(x) = p(x + \frac{q}{p})\,Q(x)$$

이므로 $f(x) = a_0x^n + a_1x^{n-1} + a_2x^{n-2} + \cdots + a_{n-1}x + a_n$ 의 일차식인수 $x - \alpha$을 찾을 때에는

즉, $f(\alpha) = 0$ 되는 $\alpha$ 를 찾을 때에는

$$\alpha = \pm\frac{\text{상수항의 약수}}{\text{최고차항의 계수의 약수}} = \pm\frac{a_n \text{ 의 약수}}{a_0 \text{ 의 약수}}$$

중에서 선택해야 한다는 것을 나타낸다.

특히, 최고차항의 계수가 1일 때에는

$$\alpha = \pm(\text{상수항의 약수}) = \pm(a_n \text{의 약수})$$

중에서 선택해야 한다는 것을 나타낸다.

## 예제 2-5-4

다음 다항식을 인수분해 하여라.

① $x^3 - 3x + 2$　　② $4x^3 + x - 1$

풀이 : ① $f(x) = x^3 - 3x + 2$ 라 두고, $\pm(2$ 의 약수$)$ 인 $\pm1, \pm2$ 중에서 $f(1) = 0$ 이므로 $x - 1$ 은 $f(x)$ 의 인수이다.

| | | | | | | | |
|---|---|---|---|---|---|---|---|
| 1 | 1 | | 0 | | $-3$ | | 2 |
| | ↓ | | 1 | | 1 | | $-2$ |
| 1 | 1 | ↗ | 1 | ↗ | $-2$ | ↗ | 0 |
| | ↓ | | 1 | | 2 | | |
| | 1 | ↗ | 2 | ↗ | 0 | | |

따라서 위의 조립제법을 이용하여 인수분해하면

$f(x) = x^3 - 3x + 2 = (x-1)^2(x+2)$

② $f(x) = 4x^3 + x - 1$ 라 두고, $\pm\frac{1 \text{ 의 약수}}{4 \text{ 의 약수}}$ 인 $\pm1, \pm\frac{1}{2}, \pm\frac{1}{4}$ 중에서 $f(\frac{1}{2}) = 0$ 이

므로 $x-\frac{1}{2}$ 은 $f(x)$ 의 인수이다.

$$
\begin{array}{c|cccc}
\frac{1}{2} & 4 & 0 & 1 & -1 \\
 & \downarrow & 2 & 1 & 1 \\
\hline
 & 4 \nearrow & 2 \nearrow & 2 \nearrow & | \; 0
\end{array}
$$

따라서 위의 조립제법을 이용하여 인수분해하면

$$
\begin{aligned}
f(x) = 4x^3 + x - 1 &= (x - \frac{1}{2})(4x^2 + 2x + 2) \\
&= (2x-1)(2x^2 + x + 1)
\end{aligned}
$$

## 문제 2-5-4

다음 다항식을 인수분해 하여라.

① $x^3 - 8x^2 + 19x - 12$

② $3x^3 - 5x^2 - 34x + 24$

## 연습문제

1. 다음 식을 인수분해 하여라.

① $ax + 5a$　　② $5x^2 - 10xy$

③ $a^2 + 8a + 16$　　④ $x^2 - 6x + 9$

⑤ $x^2 - 4x + 3$　　⑥ $x^2 - 9x + 18$

⑦ $3x^2 + 10x + 8$　　⑧ $10x^2 + 7x - 12$

2. 다음 식을 인수분해 하여라.

① $x^3 + 6x^2 + 12x + 8$　　② $a^3 - 3a^2 + 3a - 1$

③ $x^3 + 27$　　④ $8x^3 - y^3$

⑤ $(a-1)^3 - 1$　　⑥ $8x^3 - 36x^2y + 54xy^2 - 27y^3$

⑦ $a^2(a-b)+b-a$ ⑧ $(x-2)^3-x^2+4x-4$

⑨ $a^6-b^6$ ⑩ $a^5+b^5$

3. 다음 식을 인수분해 하여라.

① $x^2+y^2-2yz+2zx-2xy$ ② $x^3-2ax^2-2x+4a$

4. 다음 식을 인수분해 하여라.

① $x^3-7x+6$ ② $x^4-2x^2+3x-2$

# 제3장 방정식

$2x-1=3$, $x+x=2x$ 와 같이 등호를 써서 나타낸 식을 **등식**이라고 한다. 등식에 포함된 문자의 값에 따라 참도 되고, 거짓도 되는 등식을 그 문자에 대한 **방정식**이라고 하고, 문자가 어떠한 값을 갖더라도 성립하는 등식을 **항등식**이라고 한다.
예를 들어 $2x-1=3$은 $x=2$일 때 참이지만 $x \neq 2$이면 거짓이므로 방정식이고, $x+x=2x$는 $x$가 어떠한 값을 갖더라도 성립하므로 항등식이다.

## 예제 3-1-1

다음 중 방정식인 것은?

① $4x-1=3$　　② $x-1>0$

③ $x^2-3x=0$　　④ $(x+1)^2=x^2+2x+1$

풀이 : ① $x=1$일 때 참이지만 $x \neq 1$이면 거짓이므로 방정식이다.

② 부등식이다.

③ $x=0, 3$일 때 참이지만 $x \neq 0, 3$이면 거짓이므로 방정식이다.

④ $x$가 어떠한 값을 갖더라도 성립하므로 항등식이다.

## 문제 3-1-1

다음등식을 방정식과 항등식으로 구분하여라.

① $4x-2=2x$　　② $3x=2x+x$

③ $x^2-4=0$　　④ $x^2+2x=x(x+2)$

어떤 방정식에서 등식이 성립하게 하는 문자의 값을 구하는 것을 방정식을 푼다고 하며, 그 문자의 값을 방정식의 **해** 또는 **근**이라고 한다. 예를 들어 2는 방정식

$2x-1=3$ 의 해이다.

방정식의 풀이에서는 다음 등식의 성질을 이용한다.

**[정리 3-1] 등식의 성질**

$A=B$ 이면 다음이 성립한다.

① $A+C=B+C$ (즉, 등식의 양변에 같은 수나 식을 더하여도 등식은 성립한다.)

② $A-C=B-C$ (즉, 등식의 양변에 같은 수나 식을 빼도 등식은 성립한다.)

③ $A \cdot C=B \cdot C$ (즉, 등식의 양변에 같은 수나 식을 곱하여도 등식은 성립한다.)

④ $\frac{A}{C}=\frac{B}{C}$ (단, $C \neq 0$ )

(즉, 등식의 양변에 0 아닌 같은 수나 식을 나누어도 등식은 성립한다.)

등식의 성질에 의하여 $x+5=7$ 의 양변에 5를 빼도 등식이 성립하므로 $x+5-5=7-5$ 즉, $x=7-5$ 이고, 이는 $x+5=7$ 의 우변의 $+5$ 를 좌변으로 넘겨 $-5$ 가 되었다고 볼 수 있다. 이와 같이 한 변에 있는 항을 다른 항으로 넘기면서 부호를 바꾸어 주는 것을 **이항**한다고 하며, 방정식풀이에서 빈번히 사용된다.

## 3-1 일차방정식

방정식의 우변의 모든 항을 좌변으로 이항하여 정리한 식이

$$ax+b=0\ (a \neq 0)$$

의 꼴로 나타내어지는 방정식을 $x$ 에 관한 **일차방정식**이라고 한다.

미지수가 1개인 일차방정식을 푸는 방법은 미지수(가령 $x$ )를 포함한 항은 좌변으로 이항하고, 상수항은 우변으로 이항하여 $ax=b$ 꼴로 만든 다음 양변을 $a$ 로 나눈다.

## 예제 3-1-2

다음 방정식을 풀어라.

① $2(2x-4)=3(x-2)$ ② $\frac{x}{2}-\frac{2}{3}=\frac{x}{3}+\frac{1}{2}$

풀이 : ① 주어진 등식의 양변을 전개하면

$4x-8=3x-6$

$4x-3x=-6+8$

$\therefore x=2$

② 주어진 식의 양변에 6 을 곱하면

$3x-4=2x+3$
$3x-2x=3+4$
$\therefore x=7$

## 문제 3-1-2

다음 방정식을 풀어라.

① $3(-x+2)=5(x-2)$ ② $\frac{x}{2}-1=\frac{x}{4}+\frac{3}{2}$

## 연습문제

1. 다음 방정식을 풀어라.

① $7x-3=4$ ② $3x+18=27$

③ $8x=5x-21$ ④ $8x=-4x+42$

⑤ $2x+6=10x-12+2x$ ⑥ $\frac{1}{10}x+\frac{7}{10}=3\left(\frac{2}{10}x-\frac{1}{10}\right)$

2. 학생에게 사과를 나누어 주는데 한 명에게 6개씩 주면 9개가 남고, 8개씩 주면 3개가 모자란다. 이 때 학생 수를 구하여라.

3. 연속하는 세 자연수의 합이 243일 때 세 자연수를 구하여라.

## 3-2 이차방정식

방정식의 우변의 모든 항을 좌변으로 이항하여 정리한 식이

$$ax^2+bx+c=0\ (a\neq 0)$$

의 꼴로 나타내어지는 방정식을 $x$에 관한 **이차방정식**이라고 한다.

### ❶ 이차방정식의 해법

(1) 인수분해에 의한 해법

$x$에 관한 이차방정식이 $(ax-b)(cx-d)=0$의 꼴로 인수분해 될 때

$(ax-b)(cx-d)=0$ 의 근은 $x=\dfrac{b}{a}$ 또는 $x=\dfrac{d}{c}$

(2) 완전제곱식에 의한 해법

$x$에 관한 이차방정식을 $(x+p)^2=q$ 의 꼴로 변형된다면

$(x+p)^2=q$ 의 근은 $x+p=\pm\sqrt{q}$ 에서 $x=-p\pm\sqrt{q}$

(3) 근의 공식에 의한 해법

㉠ $ax^2+bx+c=0\,(a\neq 0)$ 의 근은 $x=\dfrac{-b\pm\sqrt{b^2-4ac}}{2a}$

㉡ $ax^2+2b'x+c=0\,(a\neq 0)$ 의 근은 $x=\dfrac{-b'\pm\sqrt{(b')^2-ac}}{a}$

위의 (3)의 근의 공식을 유도해보자.

$$ax^2+bx+c=a(x^2+\frac{b}{a}x)+c$$
$$=a\left\{x^2+\frac{b}{a}x+\left(\frac{b}{2a}\right)^2-\left(\frac{b}{2a}\right)^2\right\}+c$$
$$=a\left(x+\frac{b}{2a}\right)^2-\frac{b^2-4ac}{4a}$$

이므로 $ax^2+bx+c=0\,(a\neq 0)$ 에서 $a\left(x+\frac{b}{2a}\right)^2-\frac{b^2-4ac}{4a}=0$ 을 얻는다.

$\left(x+\frac{b}{2a}\right)^2=\frac{b^2-4ac}{4a^2}$ 로부터 $x+\frac{b}{2a}=\pm\frac{\sqrt{b^2-4ac}}{2a}$

$$\therefore\ x=\frac{-b\pm\sqrt{b^2-4ac}}{2a}\ \cdots\ \boxed{1}$$

한편, $ax^2+2b'x+c=0\,(a\neq 0)$ 의 근은 위의 $\boxed{1}$ 의 공식에서 $b$ 대신 $2b'$ 를 대입하면

$$x=\frac{-(2b')\pm\sqrt{(2b')^2-4ac}}{2a}=\frac{-2b'\pm 2\sqrt{(b')^2-ac}}{2a}$$
$$=\frac{-b'\pm\sqrt{(b')^2-ac}}{a}$$

## 예제 3-2-1

이차방정식 $2x^2-x-10=0$ 을 위의 세 가지 방법으로 풀어 보아라.

풀이 : ㉠ 인수분해에 의한 해법

$$2x^2-x-10=(x+2)(2x-5)=0$$
$$\therefore x=-2 \text{ 또는 } x=\frac{5}{2}$$

㉡ 완전제곱식에 의한 해법

양변을 $x^2$ 의 계수인 2로 나누고, 좌변을 제곱의 꼴로 변형하면

$$x^2-\frac{1}{2}x-5=x^2-2\frac{1}{4}x+\left(\frac{1}{4}\right)^2-\left(\frac{1}{4}\right)^2-5$$
$$=(x-\frac{1}{4})^2-\frac{81}{16}$$
$$=0$$

에서 $x-\frac{1}{4}=\pm\frac{9}{4}$

$\therefore x=-2$ 또는 $x=\frac{5}{2}$

㉢ 근의 공식에 의한 해법

$a=2, b=-1, c=-10$ 이므로 이 값을 근의 공식에 대입하면

$$x=\frac{-(-1)\pm\sqrt{(-1)^2-4\times2\times(-10)}}{2\times2}=\frac{1\pm\sqrt{81}}{4}=\frac{1\pm9}{4}$$

$\therefore x=-2$ 또는 $x=\frac{5}{2}$

## 문제 3-2-1

다음 이차방정식의 근을 구하여라.

① $3x^2+7x-6=0$

② $(\sqrt{2}-1)x^2+(\sqrt{2}+1)x+2=0$

③ $5x^2+6x-4=0$

④ $x^2+2\sqrt{2}\,x+1=0$

이차방정식의 계수가 소수나 분수이면 양변에 적당한 수를 곱하여 계수를 정수로 고쳐서 풀면 편리하다.

## 예제 3-2-2

다음 이차방정식의 근을 구하여라.

① $0.2x^2-0.1x-1=0$

② $\frac{1}{2}x^2+\frac{4}{3}x+\frac{1}{6}=0$

풀이 : ① 양변에 10을 곱하면 $2x^2-x-10=0$

$2x^2-x-10=(x+2)(2x-5)=0$

$\therefore x=-2,\ \frac{5}{2}$

② 양변에 6 을 곱하면 $3x^2+8x+1=0$

근의 공식에 의하여

$$x=\frac{-4\pm\sqrt{4^2-3\times 1}}{3}=\frac{-4\pm\sqrt{13}}{3}$$

## 문 제 3-2-2

다음 이차방정식의 근을 구하여라.

① $0.4x^2-x-0.3=0$　　② $\frac{1}{3}x^2+\frac{1}{2}x-1=0$

### ❷ 이차방정식의 근의 판별

계수가 실수인 이차방정식 $ax^2+bx+c=0\,(a\neq 0)$ 의 근

$$x=\frac{-b\pm\sqrt{b^2-4ac}}{2a}$$

은 근호 안의 $D=b^2-4ac$ 의 부호에 따라 실수인가 허수인가가 결정된다. 즉,

(1) $D=b^2-4ac>0$ 이면 두 근은 서로 다른 실수

(2) $D=b^2-4ac=0$ 이면 두 근은 같은 실수(중근)

(3) $D=b^2-4ac<0$ 이면 두 근은 서로 다른 허수(서로 켤레복소수가 된다.)

따라서 $D=b^2-4ac$ 의 부호에 따라 이차방정식의 근이 서로 다른 두 실근인지, 중근인지, 허근인지를 판별할 수 있으므로 $D=b^2-4ac$ 를 이차방정식의 **판별식**이라고 한다.

특히, $ax^2+2b'x+c=0\,(a\neq 0)$ 와 같이 $x$ 의 계수에 2 가 있을 때는 판별식은

$$D=(2b')^2-4ac=4\{(b')^2-ac\}$$

이므로 $D$ 의 부호는 $(b')^2-ac$ 부호와 일치한다.

따라서 $\frac{D}{4}=(b')^2-ac$ 의 부호를 조사하여 근을 판별한다.

## 예 제 3-2-3

다음 이차방정식의 근을 판별하여라.

① $4x^2+3x+2=0$ ② $2x^2-x-3=0$

③ $9x^2-12x+4=0$

풀이 : ① $D=3^2-4\times4\times2=-23<0$ 이므로 서로 다른 두 허근을 갖는다.

② $D=(-1)^2-4\times2\times(-3)=25>0$ 이므로 서로 다른 두 실근은 갖는다.

③ $9x^2-12x+4=9x^2+2\times(-6)x+4=0$ 에서

$\frac{D}{4}=(-6)^2-9\times4=36-36=0$ 이므로 중근을 갖는다.

## 문 제 3-2-3

다음 이차방정식의 근을 판별하여라.

① $4x^2+12x+9=0$ ② $x^2+5x+4=0$

③ $3x^2+5x+4=0$

## 예 제 3-2-4

$x$에 관한 이차방정식 $mx^2+2(3-m)x+4=0$ 의 근이 다음을 만족하도록 실수 $m$의 값 또는 범위를 구하여라.

① 서로 다른 두 실근 ② 중근 ③ 서로 다른 허근

풀이 : $\frac{D}{4}=(3-m)^2-4m=m^2-10m+9=(m-1)(m-9)$

① $\frac{D}{4}>0$ 으로부터 $(m-1)(m-9)>0$

$\therefore m<1$ 또는 $m>9$

② $\frac{D}{4}=0$ 으로부터 $(m-1)(m-9)=0$

$\therefore m=1$ 또는 $m=9$

③ $\frac{D}{4}<0$ 으로부터 $(m-1)(m-9)<0$

$\therefore 1<m<9$

## 문제 3-2-4

$x$ 에 관한 이차방정식 $mx^2-2mx+3=0$ 의 근이 다음을 만족하도록 실수 $m$ 의 값 또는 범위를 구하여라.

① 서로 다른 두 실근　　② 중근　　③ 서로 다른 허근

### ❸ 이차방정식의 근과 계수의 관계

이차방정식의 근과 계수 사이에는 다음과 같은 관계가 성립한다.

**[정리 3-2]** 이차방정식 $ax^2+bx+c=0\,(a\neq 0)$ 의 두 근을 $\alpha, \beta$ 라 하면

(1) $\alpha+\beta=-\frac{b}{a}$

(2) $\alpha\beta=\frac{c}{a}$

(3) $|\alpha-\beta|=\frac{\sqrt{b^2-4ac}}{|a|}$　　(단, $\alpha, \beta$ 가 실근인 경우에 한한다.)

증명 : $\alpha=\frac{-b+\sqrt{b^2-4ac}}{2a}$, $\beta=\frac{-b-\sqrt{b^2-4ac}}{2a}$ 라 두면

(1) $\alpha+\beta=\frac{-b+\sqrt{b^2-4ac}}{2a}+\frac{-b-\sqrt{b^2-4ac}}{2a}=\frac{-2b}{2a}$

$=-\frac{b}{a}$

(2) $\alpha\times\beta=\frac{-b+\sqrt{b^2-4ac}}{2a}\times\frac{-b-\sqrt{b^2-4ac}}{2a}$

$=\frac{(-b)^2-(b^2-4ac)}{4a^2}=\frac{4ac}{4a^2}$

$=\frac{c}{a}$

(3) $$|\alpha-\beta| = \left|\frac{-b+\sqrt{b^2-4ac}}{2a} - \frac{-b-\sqrt{b^2-4ac}}{2a}\right|$$
$$= \left|\frac{2\sqrt{b^2-4ac}}{2a}\right|$$
$$= \frac{\sqrt{b^2-4ac}}{|a|}$$

다른 방법 : $|\alpha-\beta|^2 = (\alpha-\beta)^2 = (\alpha+\beta)^2 - 4\alpha\beta = \left(-\frac{b}{a}\right)^2 - 4\left(\frac{c}{a}\right) = \frac{b^2-4ac}{a^2}$

$$\therefore\ |\alpha-\beta| = \sqrt{\frac{b^2-4ac}{a^2}} = \frac{\sqrt{b^2-4ac}}{|a|}$$

## 예제 3-2-5

이차방정식 $3x^2-5x+4=0$ 의 두 근을 $\alpha, \beta$ 라 할 때 다음 식의 값을 구하여라.

① $\frac{1}{\alpha}+\frac{1}{\beta}$　　② $\alpha^2+\beta^2$

풀이 : $\alpha+\beta=\frac{5}{3}$ , $\alpha\beta=\frac{4}{3}$ 이므로

① $\frac{1}{\alpha}+\frac{1}{\beta}=\frac{\alpha+\beta}{\alpha\beta}=\frac{\frac{5}{3}}{\frac{4}{3}}=\frac{5}{4}$

② $\alpha^2+\beta^2=(\alpha+\beta)^2-2\alpha\beta=\left(\frac{5}{3}\right)^2-2\times\frac{4}{3}=\frac{1}{9}$

## 문제 3-2-5

이차방정식 $x^2-4x+1=0$ 의 두 근을 $\alpha, \beta$ 라 할 때 다음 식의 값을 구하여라.

① $\alpha^2+\beta^2$　　② $\frac{\beta^2}{\alpha}+\frac{\alpha^2}{\beta}$　　③ $|\alpha-\beta|$

## 연습문제

1. 인수분해를 이용하여 다음 이차방정식을 풀어라.

① $x^2-3x-10=0$ ② $x^2-25=0$

③ $x^2+4x=0$ ④ $2x^2-x-3=0$

2. 완전제곱식을 이용하여 다음 이차방정식을 풀어라.

① $x^2+4x+1=0$ ② $x^2+6x+3=0$

③ $x^2-8x-2=0$ ④ $x^2+x-3=0$

3. 근의 공식을 이용하여 다음 이차방정식을 풀어라.

① $4x^2-5x-3=0$ ② $x^2-5x+6=0$

③ $2x^2-7x+4=0$ ④ $5x^2-6x-2=0$

4. 다음 이차방정식을 풀어라.

① $0.2x^2+0.3x-0.9=0$ ② $\frac{1}{4}x^2-\frac{1}{3}x-\frac{1}{2}=0$

5. 다음 이차방정식의 근을 복소수 범위까지 구하여라.

① $x^2+6x+11=0$ ② $x^2+6=0$

③ $3x^2-2x+5=0$ ④ $x^2-x+6=0$

6. 다음 이차방정식의 근을 판별하여라.

① $x^2+3x-2=0$ ② $4x^2-2x+1=0$

③ $x^2-10x+25=0$ ④ $2x^2-2x-3=0$

7. 이차방정식 $x^2+5x-4=0$의 두 근을 $\alpha$, $\beta$라 할 때 다음 식의 값을 구하여라.

① $2\alpha+2\beta$ ② $4\alpha\beta$

③ $\alpha^2+\alpha\beta+\beta^2$

④ $\dfrac{\alpha}{\beta}+\dfrac{\beta}{\alpha}$

8. 이차방정식 $x^2-3x+k=0$이 중근을 가지도록 실수 $k$의 값을 구하여라.

## 3-3 고차방정식

$x$에 대한 $n$차 다항식 $a_0x^n+a_1x^{n-1}+\cdots+a_{n-1}x+a_n\ (a_0\neq 0)$ 에 대하여 방정식

$$a_0x^n+a_1x^{n-1}+\cdots+a_{n-1}x+a_n=0\ (a_0\neq 0)$$

의 꼴을 $x$에 대한 $n$차 방정식이라고 한다. 예를 들어,

$x^3-x^2+x-1=0$는 삼차방정식이고, $2x^4+5x^2-3=0$ 은 사차방정식이다.

삼차 이상의 방정식을 통틀어 **고차방정식**이라고 하는데 일반적으로 고차방정식의 풀이는 간단하지가 않으므로 여기서는 주로 인수정리나 조립제법을 이용하여 간단하게 해를 구할 수 있는 경우만을 다룬다.

### ❶ 고차방정식의 해법

1) 인수정리에 의한 해법

계수가 정수인 고차방정식 $f(x)=0$ 에서 $f(\alpha)=0$ 되는 $\alpha$를 찾을 수 있다면 $f(x)=(x-\alpha)g(x)$ 모양으로 인수분해 되므로 $f(x)=0$ 의 근은 $x=\alpha$와 $g(x)=0$ 의 근이 된다. 이 때

$\alpha$가 될 수 있는 것은 앞의 학습(p70 정리 2-10)에서 알아보았듯이

$$\alpha=\pm\frac{\text{상수항의 약수}}{\text{최고차항의 계수의 약수}}\left(=\pm\frac{a_n\text{의 약수}}{a_0\text{의 약수}}\right)$$

이며, 특히 최고차항의 계수가 1이면 상수항의 약수를 이용하면 된다.

## 예제 3-3-1

삼차방정식 $x^3+2x^2-5x-6=0$ 을 풀어라.

풀이 : $f(x)=x^3+2x^2-5x-6$ 라 두고 $f(\alpha)=0$ 되는 $\alpha$ 를 6의 약수 $\pm 1, \pm 2, \pm 3, \pm 6$ 중에서 찾아본다.

$f(-1)=0$ 이므로 $f(x)$ 는 $x+1$ 로 나누어떨어지며, 나머지는 조립제법을 이용하여 몫을 구하면 $x^2+x-6$ 이다. 이를 다시 인수분해하면

$x^2+x-6=(x-2)(x+3)$ 이므로

$f(x)=(x+1)(x-2)(x+3)$

따라서 구하는 근은 $x=-1, 2, -3$

$$
\begin{array}{r|rrrr}
-1 & 1 & 2 & -5 & -6 \\
 & \downarrow & -1 & -1 & 6 \\
\hline
2 & 1 \nearrow & 1 \nearrow & -6 \nearrow & \multicolumn{1}{|r}{0} \\
 & \downarrow & 2 & 6 & \\
\hline
 & 1 \nearrow & 3 \nearrow & \multicolumn{1}{|r}{0} &
\end{array}
$$

참고 : 위의 풀이에서 $f(-1)=0, f(2)=0, f(-3)=0$ 이므로 $f(x)$ 는 $x+1, x-2, x+3$ 을 인수로 가져야 한다. 한편, $f(x)$ 는 삼차다항식이므로

$f(x)=(x+1)(x-2)(x+3)$

이어야 한다.

## 문제 3-3-1

다음 방정식을 풀어라.

① $x^3 - 6x^2 + 11x - 6 = 0$　　　② $x^3 - 4x^2 + x - 4 = 0$

2) 복이차방정식의 해법

$ax^4 + bx^2 + c = 0$ 의 모양의 방정식은 $x^2$에 대한 이차방정식으로 볼 때 이 방정식을 **복이차방정식**이라고 한다.

복이차방정식의 해법은 $x^2 = X$ 로 치환하는 방법과 제곱의 차 $A^2 - B^2$ 모양으로 만들어 인수분해 하는 방법이 있다.

## 예제 3-3-2

다음 사차방정식을 풀어라.

① $x^4 + x^2 - 2 = 0$　　　② $x^4 + 2x^2 + 9 = 0$

풀이 :① $x^2 = X$ 라 두면

$x^4 + x^2 - 2 = X^2 + X - 2 = (X+2)(X-1) = 0$

따라서 $X = x^2 = -2$ 또는 $X = x^2 = 1$

$\therefore x = \pm\sqrt{2}\,i$ 또는 $x = \pm 1$

② $x^4 + 2x^2 + 9 = (x^4 + 6x^2 + 9) - 4x^2$
$= (x^2 + 3)^2 - (2x)^2$
$= (x^2 - 2x + 3)(x^2 + 2x + 3) = 0$

따라서 $x^2 - 2x + 3 = 0$, $x^2 + 2x + 3 = 0$ 의 해를 구하면 된다.

$\therefore x = 1 \pm \sqrt{2}\,i$, $x = -1 \pm \sqrt{2}\,i$

### 문제 3-3-2

다음 사차방정식을 풀어라.

① $x^4+x^2-2=0$　　② $x^4-6x^2+25=0$

### 연습문제

1. 다음 고차방정식을 풀어라.

① $x^3+2x^2-16=0$　　② $4x^3-3x-1=0$

③ $x^4+3x^3+3x^2-x-6=0$　　④ $x^4-4x+3=0$

⑤ $x^4-3x^2-10=0$　　⑥ $x^4-3x^2+1=0$

## 3-4 연립일차방정식

미지수가 나타나는 항의 차수가 모두 1인 방정식을 일차방정식이라고 한다. 예를 들어 $2x+y=2$ 은 미지수가 나타나는 항 $2x, y$ 의 차수는 모두 1이므로 일차방정식이다.
한편, 일차방정식을 몇 개의 쌍으로 묶어 나타낸 것을 **연립일차방정식**이라고 한다.
예를 들어 $\begin{cases} x+y=1 \\ x-y=1 \end{cases}$ 은 미지수가 2개인 연립일차방정식이다.
여기서는 미지수가 2개 또는 3개인 연립일차방정식만을 다루며, 연립방정식이라고 하면 연립일차방정식을 의미함을 알려둔다.

연립방정식을 이루는 각 방정식을 만족하는 해 중에서 공통인 해를 그 연립방정식의 해라 하고, 연립방정식의 해를 구하는 것을 연립방정식을 푼다고 한다.

연립방정식의 풀이는 가감법, 대입법 및 등치법을 이용할 수 있다.

### ❶ 가감법

연립방정식의 변끼리 더하거나 빼서 미지수를 소거함으로서 연립방정식의 해를 구하는 방법을 **가감법**이라 한다. 연립방정식의 변끼리 더하거나 빼도 미지수가 소거되지 않으면 연립방정식을 이루는 각 방정식에 적당한 수를 곱한 후 변끼리 더하거나 빼서 미지수를 소거할 수 있다.

## 예제 3-4-1

다음 연립방정식을 가감법으로 풀어라.

① $\begin{cases} x+y=1 \cdots \boxed{1} \\ x-y=1 \cdots \boxed{2} \end{cases}$ ② $\begin{cases} 3x+2y=7 \cdots \boxed{1} \\ 2x+3y=8 \cdots \boxed{2} \end{cases}$

풀이: ① 같은 변끼리 더하면

$2x=2$

$\therefore x=1$

$x=1$ 를 $\boxed{1}$ 식에 대입하면 $1+y=1$

$\therefore y=0$

따라서 구하는 해는 $x=1, y=0$ 이다.

② $\boxed{1}$ 식의 양변에 3를 곱하고, $\boxed{2}$식의 양변에 2 을 곱하면

$\begin{cases} 9x+6y=21 \cdots \boxed{3} \\ 4x+6y=16 \cdots \boxed{4} \end{cases}$

$\boxed{3}$ 에서 $\boxed{4}$ 를 같은 변끼리 빼면

$5x=5$

$\therefore x=1$

$x=1$ 를 $\boxed{1}$ 식에 대입하면 $3+2y=7$

$\therefore y=2$

따라서 구하는 해는 $x=1, y=2$ 이다.

## 문제 3-4-1

다음 연립방정식을 가감법으로 풀어라.

① $\begin{cases} x-y=-1 \cdots \boxed{1} \\ 2x+y=7 \cdots \boxed{2} \end{cases}$ ② $\begin{cases} 5x+7y=20 \cdots \boxed{1} \\ 9x+2y=-17 \cdots \boxed{2} \end{cases}$

**❷ 대입법**

연립방정식의 한 일차방정식을 어느 한 미지수에 관하여 풀어서 다른 방정식에 대입하여 연립방정식을 푸는 방법을 **대입법**이라고 한다.

## 예제 3-4-2

다음 연립방정식을 대입법으로 풀어라.

① $\begin{cases} x+y=1 \cdots \boxed{1} \\ x-y=1 \cdots \boxed{2} \end{cases}$ ② $\begin{cases} 3x+2y=7 \cdots \boxed{1} \\ 2x+3y=8 \cdots \boxed{2} \end{cases}$

풀이 : ① $\boxed{1}$ 을 $y$ 에 관하여 풀면

$y=1-x \cdots \boxed{3}$

$\boxed{3}$을 $\boxed{2}$식에 대입하면 $x-(1-x)=1$

위 식을 정리하면 $2x=2$

$\therefore x=1$

$x=1$ 을 $\boxed{3}$식에 대입하면 $y=1-1=0$

따라서 구하는 해는 $x=1, y=0$ 이다.

② $\boxed{1}$ 을 $y$ 에 관하여 풀면

$y=\frac{7}{2}-\frac{3x}{2} \cdots \boxed{3}$

$\boxed{3}$을 $\boxed{2}$식에 대입하면 $2x+3\left(\frac{7}{2}-\frac{3x}{2}\right)=8$

위 식을 정리하면 $-\frac{5}{2}x=-\frac{5}{2}$

$\therefore x=1$

$x=1$ 을 3식에 대입하면 $y=\dfrac{7}{2}-\dfrac{3}{2}=2$

따라서 구하는 해는 $x=1, y=2$ 이다.

## 문제 3-4-2

다음 연립방정식을 대입법으로 풀어라.

① $\begin{cases} x-y=-1 \cdots \boxed{1} \\ 2x+y=7 \cdots \boxed{2} \end{cases}$ ② $\begin{cases} 5x+7y=20 \cdots \boxed{1} \\ 9x+2y=-17 \cdots \boxed{2} \end{cases}$

### ❸ 등치법

연립방정식을 이루는 일차방정식 모두를 어느 한 미지수에 관하여 푼 다음 같게 놓아서 연립방정식을 푸는 방법을 **등치법**이라고 한다.

## 예제 3-4-3

연립방정식 $\begin{cases} x+y=1 \cdots \boxed{1} \\ x-y=1 \cdots \boxed{2} \end{cases}$ 을 등치법으로 풀어라.

풀이 : $\boxed{1}$에서 $y=1-x$ , $\boxed{2}$에서 $y=x-1$

$1-x=x-1$ 이므로

$2x=2 \quad \therefore x=1$

$\therefore y=0$

## 문제 3-4-3

연립방정식 $\begin{cases} x-y=-1 \cdots \boxed{1} \\ 2x+y=7 \cdots \boxed{2} \end{cases}$ 을 등치법으로 풀어라.

### ❹ 행렬식에 의한 연립일차방정식의 풀이

많은 공학용 도서에서는 행렬식이란 것을 이용하여 해를 구하므로 이를 익혀둘 필요가 있다. 먼저 2차 행렬식 $\begin{vmatrix} a & b \\ c & d \end{vmatrix}$ 는 다음과 같이 정의한다.

**[2차 행렬식의 정의]**

$$\begin{vmatrix} a & b \\ c & d \end{vmatrix} = ad - bc$$

## 예제 3-4-4

다음 값을 구하여라.

① $\begin{vmatrix} 1 & 2 \\ 3 & 4 \end{vmatrix}$ ② $\begin{vmatrix} 3 & 2 \\ 3 & 4 \end{vmatrix}$

풀이 : ① $\begin{vmatrix} 1 & 2 \\ 3 & 4 \end{vmatrix} = 1 \times 4 - 2 \times 3 = -2$

② $\begin{vmatrix} 3 & 2 \\ 3 & 4 \end{vmatrix} = 3 \times 4 - 2 \times 3 = 6$

## 문제 3-4-4

다음 값을 구하여라.

① $\begin{vmatrix} -12 & 2 \\ -13 & -4 \end{vmatrix}$ ② $\begin{vmatrix} \sqrt{2} & 2 \\ 3 & 4\sqrt{2} \end{vmatrix}$

**[정리 3-3] ( Cramer 공식1)**

연립방정식 $\begin{cases} a_1x + b_1y = c_1 \\ a_2x + b_2y = c_2 \end{cases}$ 에서 $a_1b_2 - a_2b_1 \neq 0$ 이면

$$x = \frac{\begin{vmatrix} c_1 & b_1 \\ c_1 & b_2 \end{vmatrix}}{\begin{vmatrix} a_1 & b_1 \\ a_2 & b_2 \end{vmatrix}} \quad , \ y = \frac{\begin{vmatrix} a_1 & c_1 \\ a_1 & c_2 \end{vmatrix}}{\begin{vmatrix} a_1 & b_1 \\ a_2 & b_2 \end{vmatrix}}$$

## 예제 3-4-5

Cramer 공식을 이용하여 다음 연립방정식을 풀어라.

① $\begin{cases} 4x-2y=10 \\ 3x-5y=11 \end{cases}$ ② $\begin{cases} -4x-7y=47 \\ -x+6y=-27 \end{cases}$

풀이 : ① $x=\dfrac{\begin{vmatrix} 10 & -2 \\ 11 & -5 \end{vmatrix}}{\begin{vmatrix} 4 & -2 \\ 3 & -5 \end{vmatrix}}=\dfrac{10\times(-5)-(-2)\times 11}{4\times(-5)-(-2)\times 3}=\dfrac{-28}{-14}=2$

$$y=\frac{\begin{vmatrix} 4 & 10 \\ 3 & 11 \end{vmatrix}}{\begin{vmatrix} 4 & -2 \\ 3 & -5 \end{vmatrix}}=\frac{4\times 11-10\times 3}{4\times(-5)-(-2)\times 3}=\frac{14}{-14}=-1$$

② $x=\dfrac{\begin{vmatrix} 47 & -7 \\ -27 & 6 \end{vmatrix}}{\begin{vmatrix} -4 & -7 \\ -1 & 6 \end{vmatrix}}=\dfrac{47\times 6-(-7)\times(-27)}{(-4)\times 6-(-7)\times(-1)}=\dfrac{93}{-31}=-3$

$$y=\frac{\begin{vmatrix} -4 & 47 \\ -1 & -27 \end{vmatrix}}{\begin{vmatrix} -4 & -7 \\ -1 & 6 \end{vmatrix}}=\frac{(-4)\times(-27)-47\times(-1)}{(-4)\times 6-(-7)\times(-1)}=\frac{155}{-31}=-5$$

## 문제 3-4-5

Cramer 공식을 이용하여 다음 연립방정식을 풀어라.

① $\begin{cases} 3x+4y=-2 \\ 5x+3y=4 \end{cases}$ ② $\begin{cases} -\dfrac{2}{5}x+\dfrac{4}{5}y=\dfrac{8}{5} \\ \dfrac{1}{5}x+\dfrac{3}{10}y=\dfrac{11}{5} \end{cases}$

### ❺ 미지수가 3개인 연립방정식

미지수가 3개인 연립방정식은 한 미지수를 소거하거나, 한 미지수에 관하여 풀어 다른 식에 대입하거나 또는 모두 한 미지수에 관하여 풀어 서로 같게 두거나 하면 미지수가 2개인 연립방정식으로 변화가 되고 이를 다시 가감법, 대입법 등치법 등으로 풀면 된다.

## 예제 3-4-6

연립방정식 $\begin{cases} 2x+2y-3z=1 & \cdots \boxed{1} \\ 3x-3y+z=8 & \cdots \boxed{2} \\ 3x+y+2z=-1 & \cdots \boxed{3} \end{cases}$ 을 풀어라.

풀이: $\boxed{1}+\boxed{2}\times 3$ 에서 $11x-7y=25\cdots\boxed{4}$

$\boxed{2}\times 2-\boxed{3}$ 에서 $3x-7y=17\cdots\boxed{5}$

$\boxed{4}-\boxed{5}$ 에서 $8x=8$

$\therefore x=1$

$x=1$ 를 $\boxed{5}$ 에 대입하면 $y=-2$

또, $x=1, y=-2$ 를 $\boxed{2}$에 대입하면 $z=-1$

따라서 구하는 해는 $x=1, y=2, z=-1$

## 문제 3-4-6

연립방정식 $\begin{cases} 5x+y+2z=1 & \cdots \boxed{1} \\ 2x-y+z=4 & \cdots \boxed{2} \\ 3x-2y+4z=17 & \cdots \boxed{3} \end{cases}$ 을 풀어라.

미지수가 3개인 연립방정식의 해를 행렬식을 이용하면 편리하게 나타낼 수 있다.

**[3차 행렬식의 정의]**

$$\begin{vmatrix} a_1 & b_1 & c_1 \\ a_2 & b_2 & c_2 \\ a_3 & b_3 & c_3 \end{vmatrix} = a_1 \times \begin{vmatrix} b_2 & c_2 \\ b_3 & c_3 \end{vmatrix} - b_1 \times \begin{vmatrix} a_2 & c_2 \\ a_3 & c_3 \end{vmatrix} + c_1 \times \begin{vmatrix} a_2 & b_2 \\ a_3 & b_3 \end{vmatrix}$$

## 예제 3-4-7

다음 행렬식의 값을 구하여라.

① $\begin{vmatrix} 0 & 2 & 1 \\ 3 & -1 & 2 \\ 4 & 0 & 1 \end{vmatrix}$ ② $\begin{vmatrix} 1 & 4 & -2 \\ 3 & 6 & -6 \\ -2 & 1 & 4 \end{vmatrix}$

풀이 : ①

$$\begin{aligned}\begin{vmatrix} 0 & 2 & 1 \\ 3 & -1 & 2 \\ 4 & 0 & 1 \end{vmatrix} &= 0\times\begin{vmatrix} -1 & 2 \\ 0 & 1 \end{vmatrix} - 2\times\begin{vmatrix} 3 & 2 \\ 4 & 1 \end{vmatrix} + 1\times\begin{vmatrix} 3 & -1 \\ 4 & 0 \end{vmatrix} \\ &= 0\times(-1) - 2\times(-5) + 1\times 4 \\ &= 14\end{aligned}$$

② $\begin{vmatrix} 1 & 4 & -2 \\ 3 & 6 & -6 \\ -2 & 1 & 4 \end{vmatrix} = (24-6+48)-(24-6+48) = 0$

## 문제 3-4-7

다음 행렬식의 값을 구하여라.

① $\begin{vmatrix} -3 & 2 & 1 \\ 4 & 5 & 6 \\ 2 & -3 & 1 \end{vmatrix}$ ② $\begin{vmatrix} 1 & -1 & 0 \\ 3 & 2 & 5 \\ 4 & -6 & 4 \end{vmatrix}$

**[정리 3-4]( Cramer 공식2)**

연립방정식 $\begin{cases} a_1x + b_1y + c_1z = d_1 \\ a_2x + b_2y + c_2z = d_2 \\ a_3x + b_3y + c_3z = d_3 \end{cases}$ 의 해는 다음과 같이 주어진다.

$$x = \frac{\begin{vmatrix} d_1 & b_1 & c_1 \\ d_2 & b_2 & c_2 \\ d_3 & b_3 & c_3 \end{vmatrix}}{\begin{vmatrix} a_1 & b_1 & c_1 \\ a_2 & b_2 & c_2 \\ a_3 & b_3 & c_3 \end{vmatrix}}, \quad y = \frac{\begin{vmatrix} a_1 & d_1 & c_1 \\ a_2 & d_2 & c_2 \\ a_3 & d_3 & c_3 \end{vmatrix}}{\begin{vmatrix} a_1 & b_1 & c_1 \\ a_2 & b_2 & c_2 \\ a_3 & b_3 & c_3 \end{vmatrix}}, \quad z = \frac{\begin{vmatrix} a_1 & b_1 & d_1 \\ a_2 & b_2 & d_2 \\ a_3 & b_3 & d_3 \end{vmatrix}}{\begin{vmatrix} a_1 & b_1 & c_1 \\ a_2 & b_2 & c_2 \\ a_3 & b_3 & c_3 \end{vmatrix}} \quad \left(\text{단, } \begin{vmatrix} a_1 & b_1 & c_1 \\ a_2 & b_2 & c_2 \\ a_3 & b_3 & c_3 \end{vmatrix} \neq 0\right)$$

## 예제 3-4-8

Cramer 공식을 이용하여 다음 연립방정식을 풀어라.

① $\begin{cases} -x+2y-3z=1 \\ 2x \quad\quad +z=0 \\ 3x-4y+4z=2 \end{cases}$ ② $\begin{cases} x+y+z=2 \\ 2x-y+z=0 \\ x+2y-z=4 \end{cases}$

풀이 : ① $\begin{vmatrix} -1 & 2 & -3 \\ 2 & 0 & 1 \\ 3 & -4 & 4 \end{vmatrix} = (0+6+24)-(0+16+4)=10 \neq 0$ 이므로

$$x = \frac{\begin{vmatrix} 1 & 2 & -3 \\ 0 & 0 & 1 \\ 2 & -4 & 4 \end{vmatrix}}{10} = \frac{(0+0+4)-(0+0-4)}{10} = \frac{8}{10} = \frac{4}{5}$$

$$y = \frac{\begin{vmatrix} -1 & 1 & -3 \\ 2 & 0 & 1 \\ 3 & 2 & 4 \end{vmatrix}}{10} = \frac{(0-12+3)-(0-2+8)}{10} = \frac{-15}{10} = -\frac{3}{2}$$

$$x = \frac{\begin{vmatrix} -1 & 2 & 1 \\ 2 & 0 & 0 \\ 3 & -4 & 2 \end{vmatrix}}{10} = \frac{(0+0-8)-(0+0+8)}{10} = \frac{-16}{10} = -\frac{8}{5}$$

② $\begin{vmatrix} 1 & 1 & 1 \\ 2 & -1 & 1 \\ 1 & 2 & -1 \end{vmatrix} = (1+4+1)-(-1+2-2)=7 \neq 0$ 이므로

$$x = \frac{\begin{vmatrix} 2 & 1 & 1 \\ 0 & -1 & 1 \\ 4 & 2 & -1 \end{vmatrix}}{7} = \frac{(2+4+0)-(-4+4+0)}{7} = \frac{6}{7}$$

$$y = \frac{\begin{vmatrix} 1 & 2 & 1 \\ 2 & 0 & 1 \\ 1 & 4 & -1 \end{vmatrix}}{7} = \frac{(0+8+2)-(0+4-4)}{7} = \frac{10}{7}$$

$$z = \frac{\begin{vmatrix} 1 & 1 & 2 \\ 2 & -1 & 0 \\ 1 & 2 & 4 \end{vmatrix}}{7} = \frac{(-4+8+0)-(-2+0+8)}{7} = -\frac{2}{7}$$

## 문제 3-4-8

Cramer 공식을 이용하여 다음 연립방정식을 풀어라.

① $\begin{cases} 2x+y+z=2 \\ 3x+y+2z=16 \\ x-3y+z=-16 \end{cases}$ ② $\begin{cases} 2x+3y-z=1 \\ 3x+5y+2z=8 \\ x+2y+3z=1 \end{cases}$

## 연습문제

1. 다음 연립방정식을 풀어라.

① $\begin{cases} x+y=4 \\ x+2y=6 \end{cases}$ ② $\begin{cases} 2x-y=3 \\ x+y=0 \end{cases}$

③ $\begin{cases} 2x-3y=3 \\ 2x-4y=1 \end{cases}$ ④ $\begin{cases} 2x+y=12 \\ 3x-4y=6 \end{cases}$

⑤ $\begin{cases} 2x+y=5 \\ 2x-y=3 \end{cases}$ ⑥ $\begin{cases} 5x-3y=11 \\ x-3y=7 \end{cases}$

2. 다음 연립방정식을 풀어라.

① $\begin{cases} 1.2x-0.5y=0.2 \\ 0.7x-0.5y=-0.3 \end{cases}$ ② $\begin{cases} \dfrac{2}{3}x-\dfrac{1}{4}y=\dfrac{3}{2} \\ \dfrac{1}{2}x-\dfrac{1}{3}y=\dfrac{5}{6} \end{cases}$

3. 다음 연립방정식을 풀어라.

① $\begin{cases} 2x+y+z=16 \\ x+2y+z=9 \\ x+y+2z=3 \end{cases}$ ② $\begin{cases} 2x-y+z=-1 \\ 2x-y-z=5 \\ 3x-2y+3z=6 \end{cases}$

③ $\begin{cases} 3x-2y+z=-10 \\ x-y-2z=3 \\ -2x+2y+3z=-3 \end{cases}$ ④ $\begin{cases} x-y=5 \\ y+z=5 \\ z-x=4 \end{cases}$

4. 다음 행렬식의 값을 구하여라.

① $\begin{vmatrix} 2 & 0 \\ 3 & 5 \end{vmatrix}$　② $\begin{vmatrix} 5 & -1 \\ 3 & -2 \end{vmatrix}$

③ $\begin{vmatrix} 0 & -3 \\ 7 & 33 \end{vmatrix}$　④ $\begin{vmatrix} 1 & i \\ i & 2 \end{vmatrix}$

⑤ $\begin{vmatrix} 4 & 3 \\ 2 & -1 \end{vmatrix}$　⑥ $\begin{vmatrix} -2 & -1 \\ -3 & -6 \end{vmatrix}$

5. Cramer 공식을 이용하여 다음 연립방정식을 풀어라.

① $\begin{cases} 4x+2y=5 \\ 3x-4y=1 \end{cases}$　② $\begin{cases} 3x-y=-6 \\ 2x+3y=7 \end{cases}$

③ $\begin{cases} x+2y=2 \\ 4x-3y=8 \end{cases}$　④ $\begin{cases} x+4y=-5 \\ 5x+7y=1 \end{cases}$

⑤ $\begin{cases} 4x+3y=7 \\ 2x-5y=10 \end{cases}$　⑥ $\begin{cases} 4x-2y=5 \\ 3y+2x=7 \end{cases}$

6. 다음 행렬식을 구하여라.

① $\begin{vmatrix} 1 & 5 & 0 \\ 3 & 2 & -1 \\ 1 & -2 & 3 \end{vmatrix}$　② $\begin{vmatrix} 2 & 4 & -1 \\ 3 & 2 & 0 \\ 1 & -1 & 0 \end{vmatrix}$

③ $\begin{vmatrix} 0 & 1 & -2 \\ 3 & 1 & 5 \\ 0 & -2 & 3 \end{vmatrix}$　④ $\begin{vmatrix} 1 & 3 & 2 \\ 2 & 0 & 5 \\ 4 & 1 & 6 \end{vmatrix}$

⑤ $\begin{vmatrix} 3 & 4 & 7 \\ 2 & 1 & 0 \\ 1 & 0 & 3 \end{vmatrix}$　⑥ $\begin{vmatrix} -1 & 1 & 0 \\ 1 & -2 & 0 \\ 0 & 1 & -1 \end{vmatrix}$

7. Cramer 공식을 이용하여 다음 연립방정식을 풀어라.

① $\begin{cases} 4x+y+z=1 \\ x-y+2z=0 \\ 2x+y+3z=2 \end{cases}$　④ $\begin{cases} 2x+4y+z=5 \\ x+y+z=6 \\ 2x+3y+z=6 \end{cases}$

② $\begin{cases} x - y + z = 2 \\ 2x + 3y - 2z = -4 \\ 3x + y + 3z = 5 \end{cases}$

⑤ $\begin{cases} x + 2y - z = -3 \\ 3x + y + z = 4 \\ x - y + z = 6 \end{cases}$

③ $\begin{cases} x + y = 2 \\ 2x - 6z = 5 \\ y + z = -3 \end{cases}$

⑥ $\begin{cases} 5x - 2y - z = 0 \\ 7x + 4y + 2z = 0 \\ 6x + 6y - 2z = 5 \end{cases}$

# 제 4 장 지수와 로그

## 4-1 거듭제곱근

1-4절(p22)에서 양수 $a$의 제곱근 및 그 성질을 알아보았으며, 여기서는 $a$가 양수라는 조건을 없애고 일반적인 거듭제곱근과 그 성질에 대하여 알아보자.

$n$이 2이상의 자연수일 때 $n$제곱하여 실수 $a$가 되는 수(복소수 포함)를 $a$의 $n$**제곱근**이라고 한다. 즉, 방정식

$$x^n = a \quad \cdots\cdots ①$$

의 해가 $a$의 $n$제곱근이다. 실수 $a$의 2제곱근은 간단히 $a$의 제곱근이라고 하며, $a$의 제곱근, 세제곱근, 네제곱근, …을 통틀어 $a$의 **거듭제곱근**이라 한다.

대수학의 기본법칙에 따르면 $n$차방정식의 해는 복소수 범위에서 $n$개(중근 포함)를 가지므로 방정식 ①의 해는 $n$개가 있다. 그러나 실수 범위로 한정하면 기껏해야(at most) 두 개의 해 밖에 없다. 즉, 실수 $a$의 $n$제곱근 중에서 실수는 많아야 두 개 이다.

### 예제 4-1-1

다음 거듭제곱근을 구하여라.

① 4 의 제곱근 ② 8 의 세제곱근

풀이 : ① 4의 제곱근은 방정식 $x^2 = 4$ 의 해 이므로

$\therefore x = \pm 2$

② 8 의 세제곱근은 $x^3 = 8$의 해 이다.

$$x^3 - 2^3 = (x-2)(x^2+2x+4) = 0$$

$\therefore x = 2$ 또는 $-1 \pm \sqrt{3}\, i$

## 문제 4-1-1

다음 거듭제곱근을 구하여라.

① 16 의 제곱근 ② $-8$ 의 세제곱근

**❶ 거듭제곱근**

1) $n$이 짝수인 경우

(a) $a < 0$ 이면 $a$의 $n$제곱근 중에서 실수는 존재하지 않는다.

( 이 경우 모든 제곱근은 복소수이다.)

(b) $a = 0$ 이면 0의 $n$제곱근은 모두(중근을 포함하여 $n$개가) 0이며, 이를 $\sqrt[n]{0}$ 으로 나타낸다. 즉, $\sqrt[n]{0} = 0$

(c) $a > 0$ 이면 $a$의 $n$제곱근 중에서 실수는 양수와 음수 두 개가 존재한다.

이 중에서 양수는 $\sqrt[n]{a}$ 로 나타내고, 음수는 $-\sqrt[n]{a}$ 로 나타낸다.

$n = 2$ 인 경우에는 $\sqrt[2]{a}$ 을 간단히 $\sqrt{a}$ 으로 나타낸다.

2) $n$이 홀수인 경우

$a$의 값에 관계없이 $a$의 $n$제곱근 중에서 실수는 하나 존재하며, 이를 $\sqrt[n]{a}$ 으로 나타낸다.

## 예제 4-1-2

다음을 구하여라. (단, 실수인 것만)

① $\sqrt{9}$ ② $\sqrt[3]{27}$

③ $\sqrt[3]{-8}$ ④ $\sqrt[4]{-81}$

풀이 : ① $3^2 = 9$ 이므로 $\sqrt{9} = 3$

② $3^3=27$ 이므로 $\sqrt[3]{27}=3$

③ $(-2)^3=-8$ 이므로 $\sqrt[3]{-8}=-2$

④ 4 제곱하여 $-81$ 되는 실수는 존재하지 않는다.

따라서 $\sqrt[4]{-81}$ 은 실수가 아니다.

## 문 제 4-1-2

다음을 구하여라. (단, 실수인 것만)

① $\sqrt{100}$ ② $\sqrt[3]{64}$

③ $\sqrt[3]{-216}$ ④ $\sqrt[6]{-64}$

주의 : $\sqrt[n]{a}$ 은 '$n$ 제곱근 $a$'라 부르는데 이와 '$a$의 $n$ 제곱근'과 혼돈하지 않도록 주의한다.

**[정리 4-1] (근호의 성질)**

다음에서 $a>0, b>0$ 이고, $m,n$은 자연수이다.

(1) $(\sqrt[n]{a})^n=a$

(2) $\sqrt[n]{a^m}=(\sqrt[n]{a})^m$

(3) $\sqrt[n]{a}\cdot\sqrt[n]{b}=\sqrt[n]{ab}$

(4) $\dfrac{\sqrt[n]{a}}{\sqrt[n]{b}}=\sqrt[n]{\dfrac{a}{b}}$ (단, $b\neq0$)

(5) $\sqrt[m]{\sqrt[n]{a}}=\sqrt[mn]{a}=\sqrt[n]{\sqrt[m]{a}}$

증명: (1) 거듭제곱근의 정의에 의하여 $(\sqrt[n]{a})^n=a$

(2) $\{(\sqrt[n]{a})^m\}^n=\{\sqrt[n]{a}\}^{mn}=\{(\sqrt[n]{a})^n\}^m=a^m$ 이므로

$(\sqrt[n]{a})^m$ 은 양수 $a^m$ 의 $n$ 제곱근이다. 즉,

$\sqrt[n]{a^m}=(\sqrt[n]{a})^m$

(3) 지수법칙에 의하여 $(\sqrt[n]{a}\,\sqrt[n]{b})^n = (\sqrt[n]{a})^n(\sqrt[n]{b})^n = ab$ 이므로

$\sqrt[n]{a} \cdot \sqrt[n]{b}$ 은 $ab$의 $n$제곱근이다.

$\therefore \sqrt[n]{a} \cdot \sqrt[n]{b} = \sqrt[n]{ab}$

(4) $\left(\dfrac{\sqrt[n]{a}}{\sqrt[n]{b}}\right)^n = \dfrac{(\sqrt[n]{a})^n}{(\sqrt[n]{b})^n} = \dfrac{a}{b}$ 이므로 $\dfrac{\sqrt[n]{a}}{\sqrt[n]{b}}$ 은 $\dfrac{a}{b}$의 양의 $n$제곱근이다.

$\therefore \sqrt[n]{\dfrac{a}{b}} = \dfrac{\sqrt[n]{a}}{\sqrt[n]{b}}$

(5) $(\sqrt[m]{\sqrt[n]{a}})^{mn} = \left\{(\sqrt[m]{\sqrt[n]{a}})^m\right\}^n = (\sqrt[n]{a})^n = a$ 이므로

$\sqrt[m]{\sqrt[n]{a}}$ 은 $a$의 $mn$제곱근이다.

$\therefore \sqrt[mn]{a} = \sqrt[m]{\sqrt[n]{a}}$ … [1]

같은 방법으로 $(\sqrt[n]{\sqrt[m]{a}})^{mn} = \left\{(\sqrt[n]{\sqrt[m]{a}})^n\right\}^m = (\sqrt[m]{a})^m = a$ 이므로

$\sqrt[n]{\sqrt[m]{a}}$ 은 $a$의 $mn$제곱근이다.

$\therefore \sqrt[mn]{a} = \sqrt[n]{\sqrt[m]{a}}$ … [2]

[1] 과 [2] 에 의하여 $\sqrt[m]{\sqrt[n]{a}} = \sqrt[mn]{a} = \sqrt[n]{\sqrt[m]{a}}$

위의 정리 4-1의 2)에서 $n=m$인 경우는 1)를 이용하면

$$\sqrt[n]{a^n} = (\sqrt[n]{a})^n = a$$

임을 알 수 있다.

## 예제 4-1-3

$a>0$이고 $l,m,n$이 양의 정수일 때 $\sqrt[nl]{a^{ml}} = \sqrt[n]{a^m}$ 임을 보여라.

증명: $\sqrt[nl]{a^{ml}} = (\sqrt[nl]{a})^{ml} = (\sqrt[l]{\sqrt[n]{a}})^{ml}$
$= \left\{(\sqrt[l]{\sqrt[n]{a}})^l\right\}^m$
$= (\sqrt[n]{a})^m$
$= \sqrt[n]{a^m}$

[다른 방법] $(\sqrt[n]{a^m})^{nl} = \left\{(\sqrt[n]{a^m})^n\right\}^l = (a^m)^l = a^{ml}$ 이므로

$\sqrt[n]{a^m}$ 은 $a^{ml}$ 의 $nl$ 제곱근이다.

$\therefore \sqrt[nl]{a^{ml}} = \sqrt[n]{a^m}$

## 문제 4-1-3

$a>0$ 이고 $l,m,n$ 이 양의 정수일 때 $\sqrt[l]{\sqrt[m]{\sqrt[n]{a}}} = \sqrt[lmn]{a}$ 임을 보여라.

## 예제 4-1-4

다음 값을 구하여라.

① $\sqrt[3]{2}\times\sqrt[3]{4}$ ② $\dfrac{\sqrt[4]{80}}{\sqrt[4]{5}}$

③ $\sqrt[3]{\sqrt{27}}$ ④ $\sqrt[4]{\left(\dfrac{16}{81}\right)^3}$

풀이 : ① $\sqrt[3]{2}\times\sqrt[3]{4}=\sqrt[3]{8}=\sqrt[3]{2^3}=2$

② $\dfrac{\sqrt[4]{80}}{\sqrt[4]{5}}=\sqrt[4]{\dfrac{80}{5}}=\sqrt[4]{16}=\sqrt[4]{2^4}=2$

③ $\sqrt[3]{\sqrt{27}}=\sqrt{\sqrt[3]{27}}=\sqrt{\sqrt[3]{3^3}}=\sqrt{3}$

④ $\sqrt[4]{\left(\dfrac{16}{81}\right)^3}=\sqrt[4]{\left\{\left(\dfrac{2}{3}\right)^4\right\}^3}=\sqrt[4]{\left\{\left(\dfrac{2}{3}\right)^3\right\}^4}=\left(\dfrac{2}{3}\right)^3=\dfrac{8}{27}$

## 문제 4-1-4

다음 값을 구하여라.

① $\sqrt[3]{24}\times2\sqrt[3]{3}-\sqrt[3]{81}$ ② $3\sqrt[4]{48}-2\sqrt[4]{3}$

③ $\sqrt[7]{96\times\sqrt[4]{\dfrac{256}{81}}}$ ④ $\sqrt[5]{32^2}\div(\sqrt[3]{2})^9-\sqrt[3]{\sqrt{64}}$

## 연습문제

1. 다음 거듭제곱근을 구하여라.

① 64 의 세제곱근　　② $-81$ 의 네제곱근

2. 다음을 구하여라.

① $\sqrt[3]{-343}$　　② $\sqrt[3]{0.008}$

③ $\sqrt[3]{-\sqrt{125}}$　　④ $\sqrt[5]{-32}$

3. 다음을 증명하여라.

$$\sqrt[n]{a^n} = \begin{cases} |a| & (n = \text{짝수}) \\ a & (n = \text{홀수}) \end{cases}$$

4. 다음 값을 구하여라.

① $\sqrt[10]{x^{10}}$　　② $\sqrt[5]{y^5}$

5. 다음을 간단히 하여라.

① $\sqrt[3]{2} \times \sqrt[3]{4}$　　② $(\sqrt[3]{2})^6$

③ $\dfrac{\sqrt[4]{48}}{\sqrt[4]{3}}$　　④ $\sqrt[3]{\sqrt{216^2}}$

6. 다음 값을 구하여라.

$$\sqrt{(-2)^2} + \sqrt[3]{(-3)^3} + \sqrt[4]{(-4)^4} + \sqrt[5]{(-5)^5} + \sqrt[6]{(-6)^6} + \sqrt[7]{(-7)^7} + \sqrt[8]{(-8)^8} + \sqrt[9]{(-9)^9}$$

# 4-2 유리수지수

$a>0$ 일 때 유리수 $p, q$ 에 대하여 지수법칙 $(a^p)^q = a^{pq}$ 이 성립한다고 가정하면 $m$ 이 임의의 정수이고 $n$ 이 양의 정수일 때

$$(a^{\frac{m}{n}})^n = a^{\frac{m}{n}\times n} = a^m$$

이다. $a^m > 0$ 이므로 $a^{\frac{m}{n}}$ 은 $a^m$ 의 양의 $n$ 제곱근이다. 즉

$$\sqrt[n]{a^m} = a^{\frac{m}{n}}$$

따라서 유리수 지수를 다음과 같이 정의한다.

**[유리수 지수의 정의]**

$a>0$ 이고 $m$ 이 정수, $n$ 이 양의 정수일 때

$$\sqrt[n]{a^m} = a^{\frac{m}{n}}$$

## 예제 4-2-1

$$9^{\frac{1}{2}} = \sqrt{9} = \sqrt{3^2} = 3$$

$$8^{-\frac{2}{3}} = \sqrt[3]{8^{-2}} = \sqrt[3]{\frac{1}{64}} = \sqrt[3]{\left(\frac{1}{4}\right)^3} = \frac{1}{4}$$

## 문제 4-2-1

다음을 근호를 사용하여 간단히 나타내어라.

① $1000^{\frac{2}{3}}$ ② $64^{\frac{2}{3}}$

유리수지수를 위에서 같이 정의하면

$$a^{\frac{1}{2}} a^{\frac{2}{3}} = a^{\frac{3}{6}} a^{\frac{4}{6}} = \sqrt[6]{a^3}\ \sqrt[6]{a^4} = \sqrt[6]{a^3 a^4} = \sqrt[6]{a^7} = a^{\frac{7}{6}} = a^{\frac{1}{2}+\frac{2}{3}}$$

이므로 $m = \frac{1}{2}, n = \frac{2}{3}$ 일 때도 지수법칙 $a^m a^n = a^{m+n}$ 은 성립한다.

이와 같이 지수를 유리수 까지 확장하더라도 지수법칙은 그대로 성립한다.

**[정리 4-2] (유리수지수의 지수법칙)**

$a > 0,\ b > 0$ 이고 $m, n$ 이 유리수일 때

(1) $a^m a^n = a^{m+n}$ (2) $(a^m)^n = a^{mn}$

(3) $(ab)^n = a^n b^n$ (4) $\dfrac{a^m}{a^n} = a^{m-n}$

## 예제 4-2-2

$2^{\frac{2}{3}} \times 2^{\frac{1}{3}} = 2^{\frac{2}{3}+\frac{1}{3}} = 2^1 = 2$

$(2^{\frac{1}{2}} \times 3^{\frac{3}{4}})^4 = (2^{\frac{1}{2}})^4 \times (3^{\frac{3}{4}})^4 = 2^2 \times 3^3 = 108$

## 문제 4-2-2

다음을 계산하여라.

① $8^{\frac{1}{3}} \times 8^{\frac{4}{3}} \times 8^{-\frac{2}{3}}$ ② $(2^{\frac{2}{3}} \times 3^{-\frac{1}{2}})^6$

## 예제 4-2-3

다음 식을 간단히 하여라.(단, $a > 0$)

① $\sqrt[5]{a^3} \times a^{0.4} \div \sqrt[3]{a^2}$ ② $\sqrt[3]{\sqrt{a} \times \sqrt[3]{\dfrac{a^2}{\sqrt[4]{a^5}}}}$

풀이 : ① $\sqrt[5]{a^3} \times a^{0.4} \div \sqrt[3]{a^2} = a^{\frac{3}{5}} \times a^{\frac{2}{5}} \div a^{\frac{2}{3}} = a^{\frac{3}{5}+\frac{2}{5}-\frac{2}{3}} = a^{\frac{1}{3}}$

② $\sqrt[3]{\sqrt{a} \times \sqrt[3]{\dfrac{a^2}{\sqrt[4]{a^5}}}} = \left\{a^{\frac{1}{2}}\left(\dfrac{a^2}{a^{\frac{5}{4}}}\right)^{\frac{1}{3}}\right\}^{\frac{1}{3}} = \left\{a^{\frac{1}{2}}\left(a^{2-\frac{5}{4}}\right)^{\frac{1}{3}}\right\}^{\frac{1}{3}}$

$= \left(a^{\frac{1}{2}} a^{\frac{1}{4}}\right)^{\frac{1}{3}} = \left(a^{\frac{3}{4}}\right)^{\frac{1}{3}} = a^{\frac{1}{4}}$

## 문제 4-2-3

다음 식을 간단히 하여라.(단, $a > 0$)

① $(\sqrt[3]{a} \times a^2 \div \sqrt{a^3})^{-6}$　　　② $\sqrt{\dfrac{\sqrt[3]{a}}{\sqrt[4]{a}}} \times \sqrt[4]{\dfrac{\sqrt{a}}{\sqrt[3]{a}}}$

## 연습문제

1. 다음 식을 간단히 하여라.(단, $a > 0$ )

① $27^{\frac{2}{3}}$　　　② $a^{\frac{1}{2}} \div a^{\frac{1}{3}} \div a^{\frac{1}{8}}$

2. 다음 계산에서 어디가 틀리는가?

$1 = 1^{\frac{3}{2}} = (1^2)^{\frac{3}{2}} = \{(-1)^2\}^{\frac{3}{2}} = (-1)^{2 \times \frac{3}{2}} = (-1)^3 = -1$

답: $\{(-1)^2\}^{\frac{3}{2}} \neq (-1)^{2 \times \frac{3}{2}}$ 이다.

$a < 0$ 이면 지수법칙 $(a^n)^m = a^{nm}$ 이 성립한다고 보장할 수 없다.

3. $\sqrt{2\sqrt[3]{2\sqrt[5]{2}}} = 2^x$ 로 나타낼 때 $x$의 값을 구하여라.

4. 다음을 간단히 하여라.

① $(a^{\frac{1}{2}}+b^{\frac{1}{2}})(a^{\frac{1}{2}}-b^{\frac{1}{2}})$ (단, $a>0, b>0$ )

② $(2-\sqrt{3})^{-1}\times(7+4\sqrt{3})^{-\frac{1}{2}}$

## 4-3 로그

$a>0, a\neq 1$ 일 때 임의의 양수 $N$에 대하여 $a^x=N$ 을 만족시키는 실수 $x$는 오직 하나 존재한다. 이 지수 $x$를 $a$를 **밑**으로 하는 $N$의 **로그(log)**라 하고, 이것을 $x=\log_a N$ 으로 나타낸다. 이 때, $N$을 $\log_a N$ 의 **진수**라고 한다.

**[로그의 정의]** $a>0, a\neq 1, N>0$ 일 때

$$a^x=N \Leftrightarrow x=\log_a N$$

$\log_a N$ 에서 특히 주의해야 할 것은

첫째 밑 $a$는 1이 아닌 양수라는 것이다. 따라서 $\log_1 2, \log_0 3, \log_{-2}4$ 와 같은 것은 정의되지 않는다.

둘째 진수 $N$은 양수라는 것이다. 그러므로 $\log_{10}0$ , $\log_2(-4)$, $\log_3(-5)$ 와 같은 것 역시 정의되지 않는다.

### 예 제 4-3-1

① $10^3=1000 \Leftrightarrow 3=\log_{10}1000$

② $3^{-1}=\frac{1}{3} \Leftrightarrow -1=\log_3\frac{1}{3}$

## 문제 4-3-1

다음 등식을 로그를 사용하여 나타내어라.

① $4^3 = 64$ ② $27^{\frac{1}{3}} = 3$

## 예제 4-3-2

다음 등식을 $a^x = N$ 꼴로 나타내어라.

① $\log_2 8 = 3$ ② $\log_{16} 2 = \frac{1}{4}$

풀이 : ① $2^3 = 8$

② $16^{\frac{1}{4}} = 2$

## 문제 4-3-2

다음 등식을 $a^x = N$ 꼴로 나타내어라.

① $\log_2 32 = 5$ ② $\log_{32} 2 = \frac{1}{5}$

**[정리 4-3] 로그의 기본성질**

$a > 0,\ a \neq 1$ , $M > 0,\ N > 0$ 일 때

(1) $\log_a a = 1,\ \log_a 1 = 0$

(2) $\log_a MN = \log_a M + \log_a N$

(3) $\log_a \frac{M}{N} = \log_a M - \log_a N$

(4) $\log_a M^r = r\log_a M$ (단, $r$ 은 임의의 실수)

증명 : 1) $a^1 = a$ 이므로 $\log_a a = 1$

$a^0=1$ 이므로 $\log_a 1=0$

2) $\log_a M=x$, $\log_a N=y$ 라 두면 로그의 정의에 의하여

$a^x=M, a^y=N$

이다. 지수법칙에 의하여

$MN=a^x a^y=a^{x+y}$

이고, 이를 로그의 정의를 이용하여 나타내면

$\log_a MN=x+y$

$\therefore \log_a MN=\log_a M+\log_a N$

3) $\log_a M=x$, $\log_a N=y$ 라 두면 로그의 정의에 의하여

$a^x=M, a^y=N$

이다. 지수법칙에 의하여

$$\frac{M}{N}=\frac{a^x}{a^y}=a^{x-y}$$

이고, 이를 로그의 정의를 이용하여 나타내면

$$\log_a \frac{M}{N}=x-y$$

$$\therefore \log_a \frac{M}{N}=\log_a M-\log_a N$$

4) $\log_a M=x$ 라 두면 $M=a^x$ 이다.

지수법칙에 의하여 $M^r=(a^x)^r=a^{rx}$

이고, 이를 로그의 정의를 이용하여 나타내면

$\log_a M^r=rx$

$\therefore \log_a M^r = r\log_a M$

## 예제 4-3-3

$\log_3 2=a, \log_3 5=b$ 일 때 다음 수를 $a, b$로 나타내어라.

① $\log_3 6$ ② $\log_3 10$

풀이 : ① $\log_3 6 = \log_3(2\times 3) = \log_3 2 + \log_3 3 = \log_3 2 + 1 = a+1$

② $\log_3 10 = \log_3(2\times 5) = \log_3 2 + \log_3 5 = a+b$

## 문제 4-3-3

$\log_{10}2 = a, \log_{10}3 = b$ 일 때 다음 수를 $a, b$로 나타내어라.

① $\log_{10}\dfrac{2}{3}$　　② $\log_{10}8$

## 예제 4-3-4

다음을 간단히 하여라.

① $\log_3 27 + 2\log_3\sqrt{3}$　　② $\log_2 36 - 4\log_2\sqrt{6}$

풀이 : ① $\log_3 27 + 2\log_3\sqrt{3} = \log_3 3^3 + \log_3(\sqrt{3})^2$
$= 3\log_3 3 + \log_3 3$
$= 4$

② $\log_2 36 - 4\log_2\sqrt{6} = \log_2 36 - \log_2(\sqrt{6})^4$
$= \log_2 36 - \log_2 36$
$= 0$

## 문제 4-3-4

다음을 간단히 하여라.

① $3\log_2 4 + 2\log_2\sqrt{8}$　　② $\log_2 8 + 6\log_2\sqrt{2}$

**[정리 4-4] 로그의 밑의 변환 공식**

$a>0, a\neq 1$ , $b>0$ 일 때

(1) $\log_a b = \dfrac{\log_c b}{\log_c a}$ ( 단, $c>0, c\neq 1$ )

(2) $\log_a b = \dfrac{1}{\log_b a}$ ( 단, $b \neq 1$ )

증명 : (1) $\log_a b = x$ 라 두면 $a^x = b$

양변에 $c(c>0, c\neq 1)$ 를 밑으로 하는 로그를 취하면

$\log_c a^x = \log_c b$ 즉, $x\log_c a = \log_c b$

$a \neq 1$ 이므로 $\log_c a \neq 0$ 이다. 따라서 양변을 $\log_c a$ 로 나누면

$$\log_a b = \frac{\log_c b}{\log_c a}$$

(2) 위의 (1)에서 $c = b$로 선택하면

$$\log_a b = \frac{\log_b b}{\log_b a} = \frac{1}{\log_b a}$$

## 예제 4-3-5

다음 식의 값을 구하여라.

① $\dfrac{\log_5 8}{\log_5 2}$ ②$\log_3 2 \cdot \log_2 3$

풀이: ① $\dfrac{\log_5 8}{\log_5 2} = \log_2 8 = \log_2 2^3 = 3\log_2 2 = 3$

②$\log_3 2 \cdot \log_2 3 = \log_3 2 \cdot \dfrac{1}{\log_3 2} = 1$

## 문제 4-3-5

다음 식의 값을 구하여라.

① $\dfrac{\log_{10} 256}{\log_{10} 4}$ ②$\log_2 3 \cdot \log_3 4 \cdot \log_4 2$

■ **상용로그와 자연로그**

우리가 일상생활에서 사용하는 수는 십진법의 수이므로 수의 계산에서 10을 밑으로 로그를 사용하는 것이 편리하다. 10을 밑으로 하는 로그를 **상용로그**라 하고, 상용로그 $\log_{10} N$을 흔히 밑 10을 생략하여

$$\log N$$

과 같이 나타낸다. 예를 들어 $\log_{10} 2 = \log 2$, $\log_{10} 7 = \log 7$ 이다.

한편, 공학용도서에는 로그의 밑으로

$$e = \lim_{n \to \infty}\left(1 + \frac{1}{n}\right)^n \fallingdotseq 2.71828 \cdots$$

을 로 사용하는 경우가 많은데 $e$를 밑으로 하는 로그를 **자연로그**라 하고, 자연로그 $\log_e x$ 을 흔히

$$\ln x$$

과 같이 나타낸다. 예를 들어 $\log_e 2 = \ln 2$, $\log_e 7 = \ln 7$ 이다.

자연로그를 사용하면 미적분의 공식이 기억하기 쉬운 모양으로 나타나기 때문에 공학용도서에서는 자연로그를 주로 사용한다.

## 연습문제

1. 다음 등식을 로그를 사용하여 나타내어라.

① $5^4 = 625$ ② $1024^{\frac{1}{5}} = 4$

2. 다음 등식을 $a^x = N$ 꼴로 나타내어라.

① $\log_7 343 = 3$ ② $\log_{512} 2 = \frac{1}{9}$

3. $\log_a x = A$, $\log_a y = B$ , $\log_a z = C$ 일 때 다음 수를 $A, B, C$로 나타내어라.
(단, $a, x, y, z$ 는 모두 1 이 아닌 양수이다.)

① $\log_a x^2y^3z^4$ ② $\log_a \frac{x^5}{y^2z}$

③ $\log_x yz$ ④ $\log_y x^2y^3z^4$

4. 다음을 간단히 하여라.

① $\log_3 \frac{\sqrt{3}}{7} + \log_3 21$ ② $\log_5 15 - 2\log_5 \sqrt{3}$

5. 다음 식의 값을 구하여라.

① $\log_2 6 - \log_4 9$ ② $(\sqrt{2})^{\log_2 3}$

# 제5장 함 수

## 5-1 함수의 정의

공집합이 아닌 두 집합 $X, Y$가 있을 때 $X$의 각 원소에 $Y$의 원소가 하나씩 대응되는 관계 $f$를 $X$에서 $Y$으로 함수라 하고 기호로

$$f : X \to Y$$

로 나타낸다. 이때 집합 $X$를 함수 $f$의 **정의역**, 집합 $Y$를 함수 $f$의 **공역**이라고 한다.

정의역 $X$의 원소 $x$에 대응하는 공역 $Y$의 원소를 $f(x)$로 나타내고, $f(x)$를 $x$에서의 **함숫값**이라고 하며, 함숫값 전체의 집합 $\{f(x) \mid x \in X\}$을 함수 $f$의 **치역**이라고 한다.

### 예제 5-1-1

다음은 두 집합 $X, Y$ 사이의 대응관계를 나타낸 것이다. $X$에서 $Y$으로의 함수인 것을 찾고, 그 때 치역을 구하여라.

①

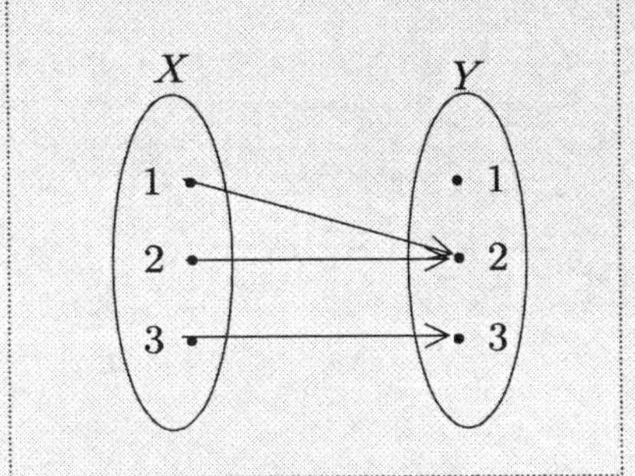


②

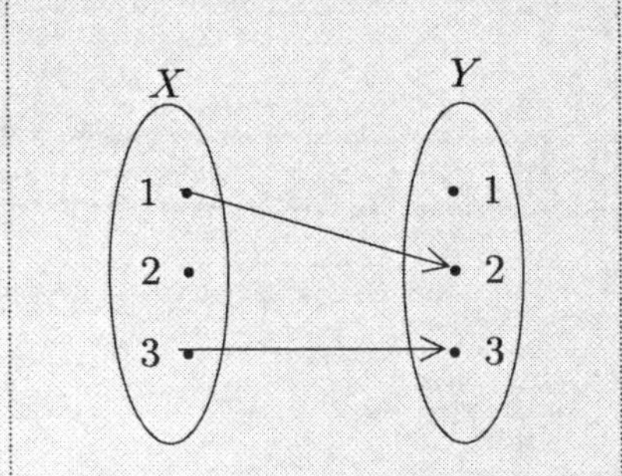

풀이: ① $X$의 각 원소 $1, 2, 3$에 $Y$의 원소가 하나씩 대응 되므로 이 대응은 함수이다.
이 함수의 치역은 $\{2, 3\}$

② $X$의 2에 대응하는 $Y$의 원소가 없으므로 이 대응은 함수가 아니다.

## 문제 5-1-1

다음은 두 집합 $X, Y$ 사이의 대응관계를 나타낸 것이다. $X$에서 $Y$으로의 함수인 것을 찾고, 그 때 치역을 구하여라.

①

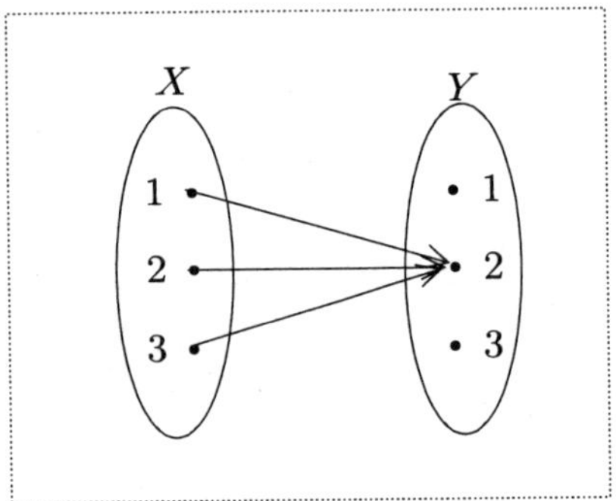


②

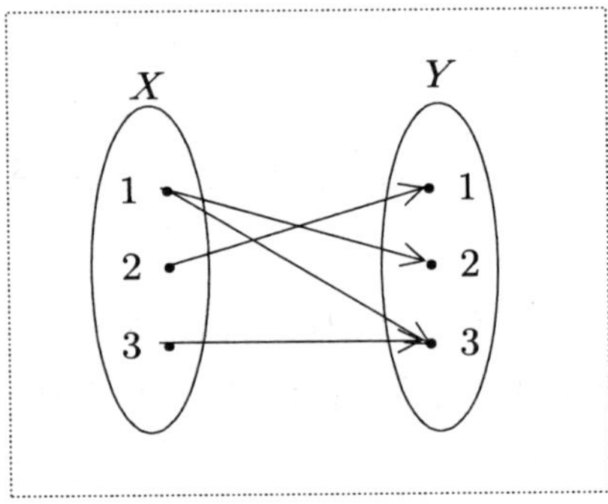


정의역, 공역, 대응규칙 나타나면 어떤 함수인지 분명해진다. 그러나 대부분의 책에서는 함수 $f(x) = 2x + 1$ 과 같이 대응규칙만 나타내는 경우가 대부분이다. 이 경우는 공역은 실수전체의 집합으로 생각하고, 정의역은 대응규칙이 정의되는 실수의 부분집합 중 최대인 것으로 하는데 이를 **최대정의역의 법칙**이라고 한다. 예를 들어 함수 $f(x) = 2x + 1$ 의 정의역과 공역은 모두 실수전체의 집합이다.

## 예제 5-1-2

다음 함수의 정의역과 공역 그리고 치역을 구하여라.

① $f(x) = x^2$　　② $f(x) = \dfrac{1}{x}$

풀이 : ① 정의역과 공역은 모두 실수전체의 집합이고,

치역은 $\{y|y \geq 0\}$

② 정의역은 0 아닌 모든 실수의 집합, 공역은 실수전체의 집합

치역은 $\{y|y \neq 0\}$

## 문제 5-1-2

다음 함수의 정의역과 공역 그리고 치역을 구하여라.

① $f(x) = -x^2$　　② $f(x) = \dfrac{1}{x-1}$

함수 $f: X \to Y$ 에 대하여 정의역 $X$ 의 원소와 이에 대응하는 함숫값 $f(x)$ 의 순서쌍 전체의 집합 $\{(x, f(x)) \mid x \in X\}$ 을 함수 $f$ 의 **그래프**라고 한다. 특히, 함수 $f$ 의 정의역과 공역이 모두 수의 집합일 때 순서쌍 $(x, f(x))$ 를 좌표평면 위의 점으로 보고 모든 순서쌍을 좌표평면위에 나타낸 것을 함수의 그래프라 부르기도 한다. 그래프를 좌표평면위에 나타내는 것을 그래프를 그린다고 한다.

## 예제 5-1-3

함수 $f(x) = x + 1$ 의 그래프를 구하고, 좌표평면 위에 나타내어라.

풀이 : 그래프는 $\{(x, x+1) \mid x는\ 실수\}$

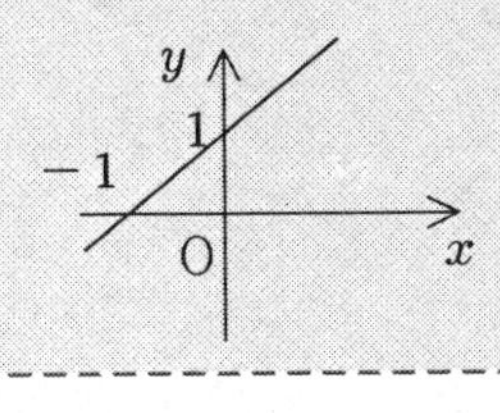


## 문제 5-1-3

함수 $f(x) = x^2$ 의 그래프를 구하고, 좌표평면 위에 나타내어라.

함수 $f: X \to Y$ 가 다음 두 조건

(1) 치역과 공역이 같다.

(2) $X$ 의 서로 다른 원소에 $Y$ 의 서로 다른 원소가 대응된다.

즉, $x_1 \neq x_2$ 이면 $f(x_1) \neq f(x_2)$

를 만족하면 $f$ 를 $X$ 에서 $Y$ 으로 **일대일대응**이라고 한다.

## 예 제 5-1-4

$f(x) = 2x - 1$ 은 일대일대응임을 보여라.

풀이 : ( i ) 공역과 치역은 모두 실수의 전체집합으로 서로 같다.

(ii) 임의의 두 실수 $x_1$, $x_2$ 가 $x_1 \neq x_2$ 이면

$f(x_1) - f(x_2) = (2x_1 - 1) - (2x_2 - 1) = 2(x_1 - x_2) \neq 0$ 이므로

$f(x_1) \neq f(x_2)$

따라서 $f(x) = 2x - 1$ 은 일대일대응이다.

## 문 제 5-1-4

다음 함수 중에서 일대일대응인 것을 찾아라.

① $f(x) = 1$ ② $f(x) = 2x$ ③ $f(x) = x^2$ ④ $f(x) = -x$

## 연습문제

1. 오른쪽 그림과 같은 함수

$f : X \to Y$

에 대하여 다음을 구하여라.

① $f(1)$

② $f(x) = 2$ 인 $X$ 의 원소 $x$

③ 정의역

④ 치역

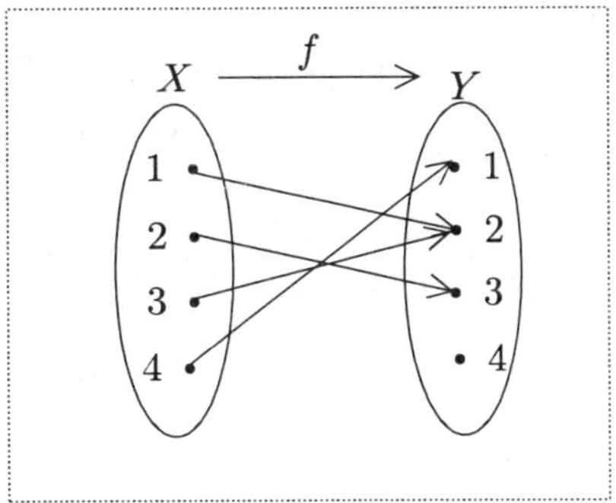


2. 다음 중 함수의 그래프가 될 수 있는 것은? 함수의 그래프가 될 수 없는 것은 그 이유를 밝혀라.

①

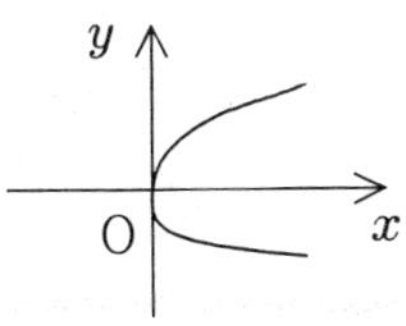


②

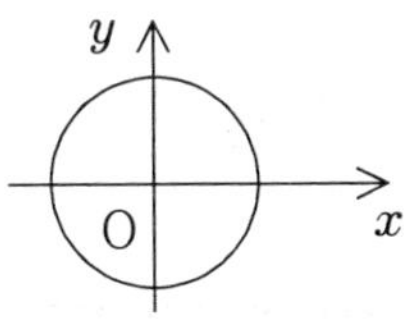


③

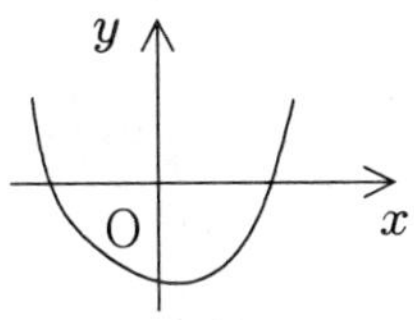


3. 다음 함수 중에서 일대일대응인 것은?

① $f(x) = 0$ ② $f(x) = 3x + 2$ ③ $f(x) = |x|$ ④ $f(x) = -5x$

# 5-2 합성함수와 역함수

## ❶ 합성함수

두 함수 $f: X \to Y$, $g: Y \to Z$ 에 대하여 $X$의 임의의 원소 $x$에 대하여 $Z$의 원소 $g(f(x))$를 대응시키는 새로운 함수를 $f$와 $g$의 **합성함수**라 하고 $g \circ f$로 나타낸다.
따라서
함수 $g \circ f$에 의한 $x$에서의 함숫값 $(g \circ f)(x)$ 는 다음과 같다.

$$(g \circ f)(x) = g(f(x))$$

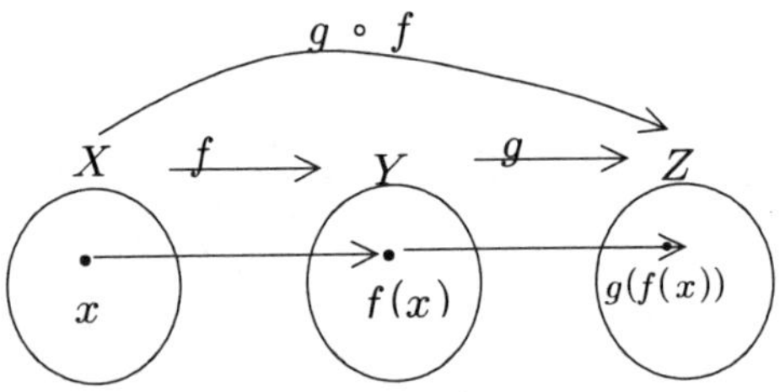


함수 $f$와 $g$의 합성함수는 $f \circ g$가 아니라 $g \circ f$이다.

## 예제 5-2-1

두 함수 $f(x) = x - 1$, $g(x) = 3x + 2$ 에 대하여 다음을 구하여라.

① $(g \circ f)(1)$ , $(f \circ g)(1)$

② $(g \circ f)(x)$ , $(f \circ g)(x)$

풀이: ① $(g \circ f)(1) = g(f(1)) = g(1-1) = g(0) = 3 \times 0 + 2 = 2$

$(f \circ g)(1) = f(g(1)) = f(3 \times 1 + 2) = f(5) = 5 - 1 = 4$

② $(g \circ f)(x) = g(f(x)) = g(x-1) = 3(x-1) + 2 = 3x - 1$

$(f \circ g)(x) = f(g(x)) = f(3x+2) = (3x+2) - 1 = 3x + 1$

위 예제에서 $g \circ f \neq f \circ g$ 임을 알 수 있다. 즉, 함수의 합성에 있어서는 교환법칙이 성립하지 않는다.

## 문제 5-2-1

두 함수 $f(x) = 2x - 1$, $g(x) = x^2 + 3$ 에 대하여 다음을 구하여라.

① $(g \circ f)(1)$ , $(f \circ g)(1)$

② $(g \circ f)(x)$ , $(f \circ g)(x)$

### ❷ 역함수

함수 $f: X \to Y$가 일대일대응이면 $Y$의 임의의 원소 $y$에 대하여 $f(x) = y$ 가 되는 $X$의 원소 $x$가 단 하나 존재한다. 따라서 $Y$의 각 원소 $y$에 대하여 $f(x) = y$ 가 되는 $X$의 원소 $x$를 대응시키면 $Y$에서 $X$로의 새로운 함수를 얻는데 이 함수 $f$의 **역함수**라 하고 $f^{-1}$로 나타낸다. 함수 $f: X \to Y$ 와 그 역함수 $f^{-1}: Y \to X$ 사이의 관계는 다음과 같다.

$$y = f(x) \Leftrightarrow x = f^{-1}(y) \text{ 즉,}$$

$$f^{-1}(f(x)) = x$$

## 예제 5-2-2

함수 $f(x) = 2x - 1$ 의 역함수 $f^{-1}(x)$ 를 구하여라.

풀이: $f(x) = 2x - 1$ 은 실수전체의 집합에서 실수전체의 집합으로의 일대일대응이므로 역함수를 가진다.

$f^{-1}(f(x)) = x$ 이므로 $f^{-1}(2x - 1) = x$

위 관계식에서 $2x - 1 = y$ 라 두면 $x = \dfrac{y+1}{2}$ 이므로

$$f^{-1}(y) = \frac{y+1}{2}$$

$$\therefore\ f^{-1}(x) = \frac{x+1}{2}$$

위 예제5-2-2 에서 $f(x)=2x-1$ 의 역함수는

$y=2x-1$ 라 두고 $x$에 관하여 푼 $x=\frac{y+1}{2}$ 에서 $x$와 $y$를 바꾸어 놓은

$y=\frac{x+1}{2}$ 이다. 일반적으로 역함수가 존재하는 함수의 역함수는 다음 방법으로 구할 수 있다.

> **$f(x)$ 의 역함수 구하는 방법**
>
> 1) $y=f(x)$ 라 두고 $x$에 관하여 푼다. ( $x=f^{-1}(y)$ )
>
> 2) $x=f^{-1}(y)$ 에서 $x$와 $y$를 바꾸어 놓는다.( $y=f^{-1}(x)$ )

## 문제 5-2-2

다음 함수 가운데 역함수가 존재하는 것을 찾고, 그 역함수를 구하여라.

① $f(x)=x+2$ ② $f(x)=\frac{1}{2}x-1$ ③ $f(x)=x^2$

## 연습문제

1. 두 함수 $f(x)=x^2$, $g(x)=3x-2$ 에 대하여 다음을 구하여라.

① $(f \circ g)(2)$ ② $(g \circ f)(2)$

③ $(f \circ f)(0)$ ④ $(g \circ g)(-1)$

2. 두 함수 $f(x)=3x+1$, $g(x)=-x^2+2$ 에 대하여 다음을 구하여라.

① $(f \circ g)(x)$ ② $(f \circ (g \circ f))(x)$

3. 함수 $f(x)=-2x+5$ 에 대하여 $f^{-1}(2)$ 의 값을 구하여라.

4. 함수 $f(x)=ax+3\,(a\neq 0)$ 와 그 역함수 $f^{-1}(x)$ 가 같아지도록 하는 상수 $a$의 값을 구하여라.

5. 함수 $f(x)=2x+1$ 에 대하여 $(f\circ f^{-1})(2)$ 의 값을 구하여라.

6. 두 함수 $f(x)=x+3$, $g(x)=2x-4$ 에 대하여 다음을 구하여라.
① $(g\circ f)(x)$
② $(g\circ f)^{-1}(x)$
③ $(f^{-1}\circ g^{-1})(x)$

## 5-3 특수함수

### ❶ 상수함수

함수 $f: X\rightarrow Y$ 에서 $X$의 모든 원소 $x$에 대하여 $Y$의 특정한 원소 $c$만 대응 할 때, 즉, 모든 $x\in X$에 대하여 $f(x)=c$일 때 함수 $f$를 **상수함수**라고 한다.
따라서 상수함수의 치역은 하나의 원소로 이루어진 집합이다.

### 예제 5-3-1

다음 중 상수함수는 어느 것인가?

① $f(x)=0$  ② $f(x)=x+1$

풀이 : ① 정의역의 모든 원소에 0만 대응되므로 상수함수이다.
② $f(0)=1, f(1)=2$ 이므로 정의역의 모든 원소에 한 원소가 대응되지 않으므로 상수함수가 아니다.

## 문제 5-3-1

다음 중 상수함수는 어느 것인가?

① $f(x)=\frac{1}{2}$ ② $f(x)=|x|$

**❷ 항등함수**

함수 $f: X \to X$ 에서 $X$ 의 모든 원소 $x$ 에 그 자신인 $x$ 가 대응될 때
즉, 모든 $x \in X$ 에 대하여 $f(x)=x$ 일 때 함수 $f$ 를 $X$ 에서의 **항등함수**라 한다.

## 예제 5-3-2

함수 $f$ 가 집합 $X=\{0,2,3,5\}$ 에서의 항등함수라 할 때 다음을 구하여라.

① $f(2)$ ② $f(5)$ ③ $f^{-1}(3)$

풀이: ① $f(2)=2$

② $f(5)=5$

③ $f^{-1}(3)=3$

## 문제 5-3-2

함수 $f$ 가 집합 $X=\{-1,0,1,2\}$ 에서의 항등함수라 할 때 다음을 구하여라.

① $f(1)$ ② $f^{-1}(0)$ ③ $f^{-1}(2)$

**❸ 일차함수**

함수 $y=f(x)$ 에서 $f(x)$ 가 $x-1, x^2-3x+2, x^3-1$ 등과 같이 $x$ 에 관한 다항식일 때 이 함수를 **다항함수**라 하며, $f(x)$ 가 일차, 이차, 삼차, …의 다항식일 때 그 다항함수를 각각 일차함수, 이차함수, 삼차함수, …라 한다. 따라서 함수

$$y=f(x)=ax+b \quad (\text{단, } a, b \text{는 상수, } a \neq 0)$$

은 **일차함수**이다.

일차함수 $y=x+1$ 의 그래프를 그려보면 다음과 같이 직선임을 알 수 있다.

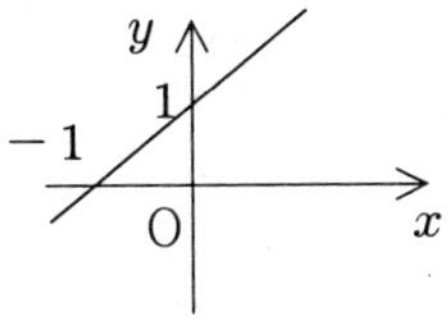


일반적으로 정의역이 실수전체의 집합인 일차함수의 그래프는 직선이며, 두 점을 지나는 직선은 오직 하나뿐이므로 일차함수의 그래프를 그릴 때는 그래프 위에 있게 될 서로 다른 두 점을 잡아 이 두 점을 곧게 이어면 된다.

함수의 그래프가 $x$축과 만나는 점의 $x$좌표를 그 그래프의 $x$ **절편**, $y$축과 만나는 점의 $y$좌표를 그 그래프의 $y$ **절편**이라고 한다.
일차함수 $y=ax+b$의 그래프가 $x$축과 만나는 $y$좌표는 0이므로 $0=ax+b$
에서 $x$절편은 $-\dfrac{b}{a}$ 이다.
한편, 그래프가 $y$축과 만나는 $x$좌표는 0이므로 $y=a\times 0+b$
에서 $y$절편은 $b$ 이다.

> 일차함수 $y=ax+b$의 그래프에서
>
> $x$절편$=-\dfrac{b}{a}$ , $y$절편$=b$

## 예제 5-3-3

일차함수 $y=2x-4$ 의 $x$ 절편, $y$절편을 구하고, 이를 이용하여 그래프를 그려라.

풀이: $x$절편$=-\dfrac{-4}{2}=2$ , $y$절편$=-4$

주어진 일차함수의 그래프는 두 점 $(2,0),(0,-4)$ 을 잇는 직선이다.

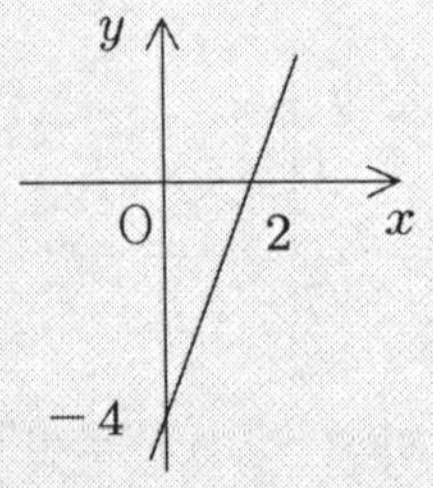


## 문제 5-3-3

$x$절편, $y$절편을 이를 이용하여 다음 함수의 그래프를 그려라.

① $y = 3x - 6$　　　　② $y = -2x + 4$

일차함수 $y = ax + b$ 의 그래프 위에 있는 서로 다른 두 점 $(x_1, ax_1 + b), (x_2, ax_2 + b)$ 에 대하여

$$\frac{y\text{의 변화량}}{x\text{의 변화량}} = \frac{(ax_2 + b) - (ax_1 + b)}{x_2 - x_1} = \frac{a(x_2 - x_1)}{x_2 - x_1} = a$$

이고, 이는 어떤 두 점을 선택하여도 동일한데 이 값을 일차함수의 그래프의 **기울기** 라고한다.

## 예제 5-3-4

다음 일차함수의 그래프의 기울기를 구하여라.

① $y = 3x - 6$　　　　② $y = -2x + 4$

풀이: ① 구하는 기울기는 3 이다.

② 구하는 기울기는 $-2$이다.

## 문제 5-3-4

다음 일차함수의 그래프의 기울기를 구하여라.

① $y=\frac{1}{2}x$ ② $y=-x+1$

일차함수의 그래프의 기울기가 $m$인 일차함수의 식은

$$y=mx+n\cdots \boxed{1}$$

모양으로 나타낼 수 있으며, 이 일차함수의 그래프가 점$(a,b)$를 지난다고 하면

$$b=ma+n$$

즉, $n=b-ma$ 이므로 이를 $\boxed{1}$ 에 대입하면

$$y=mx+b-ma=m(x-a)+b$$

이다. 따라서 다음을 알 수 있다.

> 기울기가 $m$이고, 점 $(a,b)$를 지나는 일차함수의 식은
> $$y=m(x-a)+b$$

## 예제 5-3-5

기울기가 $-\frac{3}{2}$이고, 점$(-2,4)$를 지나는 일차함수의 식을 구하여라.

풀이: $y=-\frac{3}{2}(x-(-2))+4=-\frac{3}{2}x+1$

## 문제 5-3-5

기울기가 $\frac{1}{2}$이고, 점$(4,3)$를 지나는 일차함수의 식을 구하여라.

일차함수의 그래프가 서로 다른 두 점 $(x_1,y_1),(x_2,y_2)$을 지나는 직선일 때 그 일차함수의 의 그래프의 기울기는 $\frac{y_2-y_1}{x_2-x_1}$이고, 점 $(x_1,y_1)$을 지나게 되므로 일차함수의 식은

$$y = \frac{y_2 - y_1}{x_2 - x_1}(x - x_1) + y_1$$

로 나타난다.

## 예제 5-3-6

일차함수의 그래프가 두 $(2,5), (4,-3)$ 을 지나는 직선일 때 그 일차함수의 식을 구하여라.

풀이 : $y = \frac{-3-5}{4-2}(x-2)+5 = -4(x-2)+5 = -4x+13$

## 문제 5-3-6

일차함수의 그래프가 두 $(-1,-4), (2,2)$ 을 지나는 직선일 때 그 일차함수의 식을 구하여라.

### ❹ 이차함수

함수

$$y = f(x) = ax^2 + bx + c \quad (\text{단, } a, b, c \text{는 상수, } a \neq 0)$$

을 **이차함수**라고 한다.

이차함수 $f(x) = x^2, g(x) = 2x^2, h(x) = -x^2, q(x) = -2x^2$ 의 그래프를 그려보면 다음과 같다.

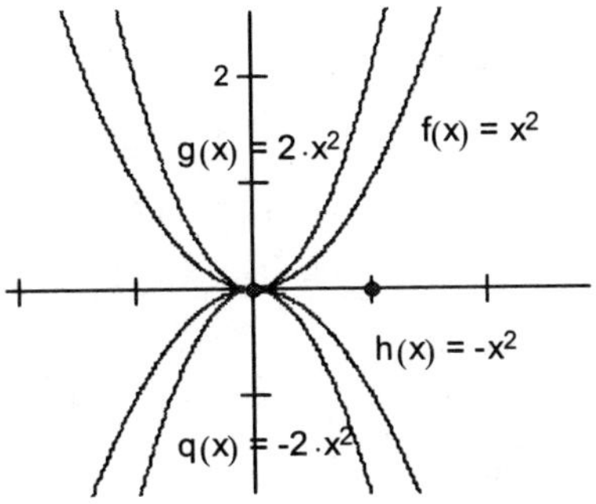


위 그래프에서 알 수 있듯이 이차함수 $y=ax^2$의 그래프는 다음과 같은 성질은 가진다.

**이차함수 $y=ax^2$의 그래프**

1) 원점을 꼭짓점으로 하고, $y$축에 대하여 대칭이다.

2) $a>0$이면 아래로 볼록하며 최솟값은 0이고, 최댓값은 없다.

$a<0$이면 위로 볼록하고, 최댓값은 0이고, 최솟값은 없다.

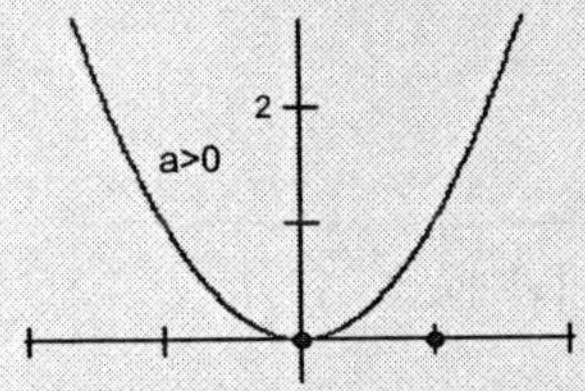


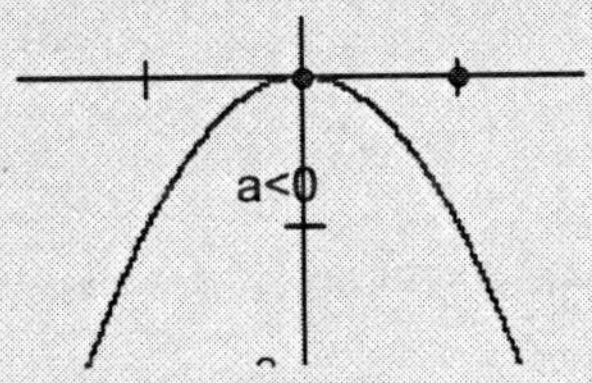


3) $a$의 절댓값이 클수록 포물선의 폭이 좁아진다.

이차함수 $y=ax^2+bx+c$ 의 그래프는 $y=a(x-p)^2+q$꼴로 변형한 후 $y=ax^2$의 그래프를 평행이동하여 그릴 수 있다.

## 예제 5-3-7

이차함수 $y=x^2-2x+2$의 그래프를 그려라. 그리고 최댓값 및 최솟값을 조사하여라.

풀이 : $y=x^2-2x+2=(x-1)^2+1$ 이므로
주어진 함수의 그래프는 $y=x^2$의 그래프를 $x$축으로 1만큼, $y$축으로 1 만큼 평행 이동한 것이다. 따라서 구하는 그래프는 오른쪽 그림의 $f(x)$의 그래프이다.
한편, 최솟값은 1, 최댓값은 없다.

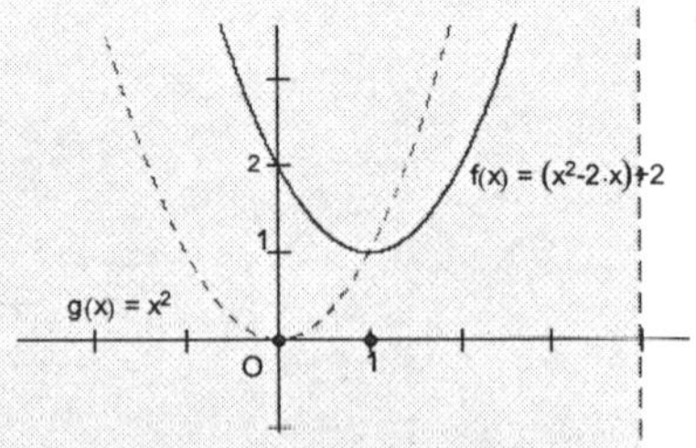


## 문제 5-3-7

이차함수 $y=-x^2-4x+2$의 의 그래프를 그려라. 그리고 최댓값 및 최솟값을 조사하여라.

이차함수 $y=ax^2+bx+c$ 와 직선 $y=mx+n$의 교점의 $x$좌표는 두 함수의 함숫값이 같게 되는 $x$의 값이다. 즉, $ax^2+bx+c=mx+n$ 라 두고 정리하면

$$ax^2+(b-m)x+c-n=0$$

이 되고, 위 이차방정식의 판별식을 이용하면 이차함수와 직선과의 관계를 밝힐 수 있다.

이차함수 $y=ax^2+bx+c$ 의 그래프와 직선 $y=mx+n$의 위치관계는
$ax^2+(b-m)x+c-n=0$ 의 판별식을 $D$라 할 때
1) $D>0$ ⇔ 서로 다른 두 점에서 만난다.
2) $D=0$ ⇔ 한 점에서 만난다.(접한다.)
3) $D<0$ ⇔ 만나지 않는다.

$x$축의 방정식은 $y=0$ 이므로 이차함수 $y=ax^2+bx+c$ 의 그래프와 $x$축$(y=0)$ 과의 위치관계는 이차방정식 $ax^2+bx+c=0$ 의 판별식을 이용한다.

## 예제 5-3-8

이차함수 $y=x^2-x+2$ 와 직선 $y=ax+1$ 이 접하도록 상수 $a$ 의 값을 구하여라.

풀이 : $x^2-x+2=ax+1$ 에서 이차방정식

$$x^2-(a+1)x+1=0$$

을 얻는다. 위 이차방정식의 판별식을 0 으로 하는 $a$ 의 값을 구한다.

$$D=(a+1)^2-4=(a+1)^2-2^2=(a+3)(a-1)=0$$

$$\therefore a=-3, 1$$

## 문제 5-3-8

이차함수 $y=-2x^2+4x-1$ 와 직선 $y=x+k$ 이 접하도록 상수 $k$의 값을 구하여라.

### ❺ 유리함수

함수 $y=f(x)$ 에서 $f(x)$ 가 $x$ 에 관한 유리식일 때 이 함수를 **유리함수**라고 한다. 이 때 $f(x)$ 가 다항식이 아닌 유리식일 때 이 함수를 특히 **분수함수**라고 한다.

예를 들어 $y=\frac{1}{x}$, $y=\frac{x-1}{x^2+1}$ 등은 분수함수이다.

분수함수의 정의역은 실수전체의 집합에서 분모를 0 으로 하는 원소를 제외한 집합이다.

## 예제 5-3-9

분수함수 $y=\frac{x-1}{2x+1}$ 의 정의역을 구하여라.

풀이 : 분모 $2x+1 \neq 0$ 이어여 하므로 $x \neq -\frac{1}{2}$

따라서 정의역은 $\left\{x \mid x \neq \frac{1}{2}\text{ 인 모든 실수}\right\}$

## 문제 5-3-9

다음 분수함수의 정의역을 구하여라.

① $y=\frac{1}{x-2}$ ② $y=\frac{x^2-1}{3x+1}$

분수함수 $f(x)=\frac{1}{x}$, $g(x)=\frac{3}{x}$, $h(x)=\frac{-1}{x}$, $q(x)=\frac{-3}{x}$ 의 그래프를 그려보면 다음과 같다.

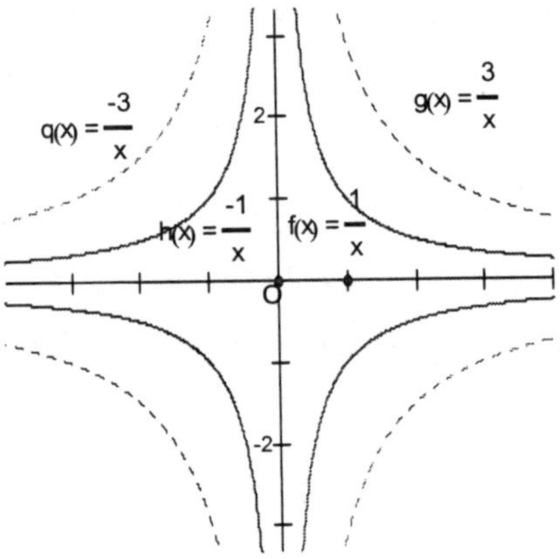


위에서 알 수 있듯이 일반적으로 분수함수 $y=\frac{k}{x}$ 의 그래프는 다음과 같은 성질을 가진다.

**분수함수 $y=\frac{k}{x}\,(k\neq 0)$ 의 그래프의 성질**

1) 정의역과 치역은 0 을 제외한 모든 실수의 집합이다.

2) $k>0$ 이면 그래프는 제1, 3 사분면에 있고,

$k<0$ 이면 그래프는 제2, 4 사분면에 있다.

3) 원점에 대하여 대칭이다.

4) $|k|$ 가 커질수록 그래프는 원점에서 멀어진다.

5) 점근선은 $x$ 축($y=0$) 과 $y$ 축($x=0$)이다.

분수함수 $y=\dfrac{c}{ax+b}+d$ 의 그래프는 $y=\dfrac{k}{x-p}+q$ 꼴로 변형한 후 $y=\dfrac{k}{x}$ 의 그래프를 평행이동 하여 그릴 수 있다.

## 예제 5-3-10

분수함수 $y=\dfrac{1}{x-2}+1$ 의 그래프를 그리고, 점근선의 방정식을 구하여라.

풀이:

$y=\dfrac{1}{x-2}+1$ 의 그래프는 $y=\dfrac{1}{x}$ 의 그래프를

$x$ 축으로 2 만큼, $y$ 축으로 1 만큼 평행이동 한 것이다.

따라서 구하는 그래프는 오른쪽 그림의 $g(x)$ 의 그래프이고,

점근선의 방정식은 $x=2,\ y=1$ 이다.

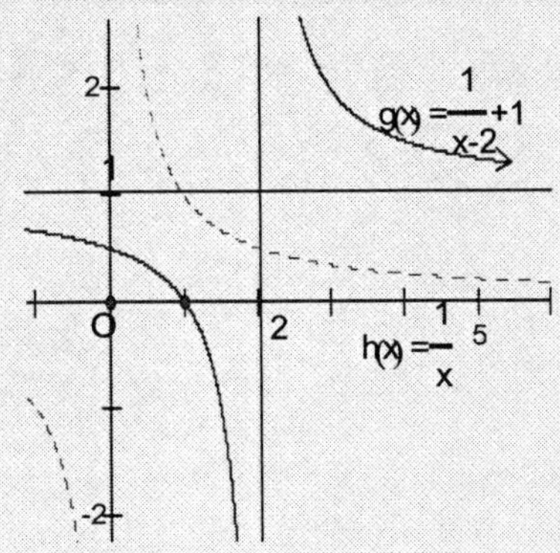

## 문제 5-3-10

분수함수 $y=\dfrac{1}{x+2}$ 의 그래프를 그리고, 점근선의 방정식을 구하여라.

### ❻ 무리함수

함수 $y=f(x)$ 에서 $f(x)$가 $x$에 관한 무리식일 때 이 함수를 **무리함수**라 한다.

예를 들어 $y=\sqrt{x}$, $y=\sqrt{x-2}$ 등은 무리함수이다.

무리함수의 정의역은 근호안의 값이 0 또는 양수되게 하는 모든 실수의 집합으로 한다.

## 예제 5-3-11

무리함수 $y=\sqrt{2x-3}$ 의 정의역을 구하여라.

풀이: $2x-3 \geq 0$ 이어야 하므로 $x \geq \dfrac{3}{2}$

따라서 정의역은 $\left\{x \mid x \geq \dfrac{3}{2}\right\}$

## 문제 5-3-11

다음 무리함수의 정의역을 구하여라.

① $y=\sqrt{x-2}$ ② $y=\sqrt{-1-x}$

무리함수 $f(x)=\sqrt{x}$, $h(x)=\sqrt{0.2x}$ , $g(x)=\sqrt{-x}$ , $p(x)=\sqrt{-0.2x}$ 의 그래프를 그려보면 다음과 같다.

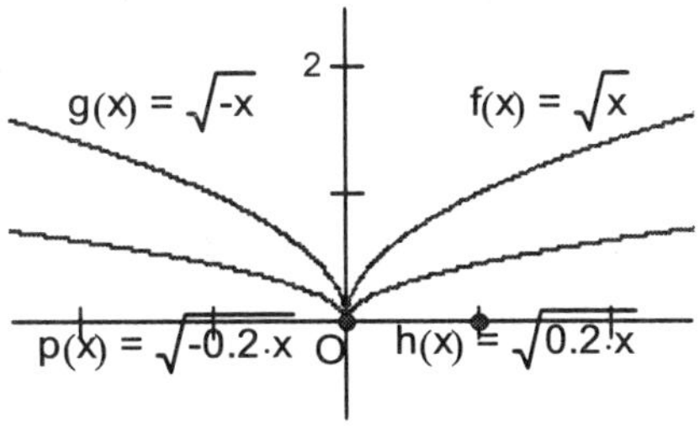


위에서 알 수 있듯이 일반적으로 무리함수 $y=\sqrt{ax}\ (a\neq 0)$ 의 그래프는 다음과 같은 성질을 가진다.

**무리함수 $y=\sqrt{ax}\ (a\neq 0)$의 그래프의 성질**

1) $a>0$ 이면 정의역은 $\{x|x\geq 0\}$ 이고, 그래프는 제1 사분면에 있다.

2) $a<0$ 이면 정의역은 $\{x|x\leq 0\}$ 이고, 그래프는 제2 사분면에 있다.

3) 치역은 $\{y\,|\,y\geq 0\}$ 이다.

4) $|a|$ 가 커질수록 그래프는 $x$ 축에서 멀어진다.

무리함수 $y=\sqrt{ax+b}+c\ (a\neq 0)$ 의 그래프는 $y=\sqrt{ax}$ 의 그래프를 평행이동 하여 그릴 수 있다.

## 예제 5-3-12

예제 5-3-12 무리함수 $y=\sqrt{2x-4}+1$ 의 그래프를 그려라.

풀이 : $y=\sqrt{2x-4}+1=\sqrt{2(x-2)}+1$ 이므로 이 함수의 그래프는 $y=\sqrt{2x}$ 의 그래프를 $x$축으로 2 만큼, $y$축으로 1 만큼 평행이동 한 것이다. 따라서 구하는 그래프는 오른쪽 그림의 $g(x)$ 의 그래프이다.

## 문제 5-3-12

다음 무리함수의 그래프를 그려라.

① $y=\sqrt{x-1}$ ② $y=\sqrt{-x+2}+1$

### ❼ 지수함수

실수전체를 정의역으로 하는 함수

$$y=a^x\ (a>0, a\neq 1)$$

을 밑을 $a$로 하는 **지수함수**라고 한다.

예를 들어 $y=2^x, y=\left(\frac{1}{2}\right)^x$ 등은 지수함수이다.

지수함수 $f(x)=2^x, g(x)=3^x, h(x)=0.5^x, q(x)=0.2^x$ 의 그래프를 그려보면 다음과 같다.

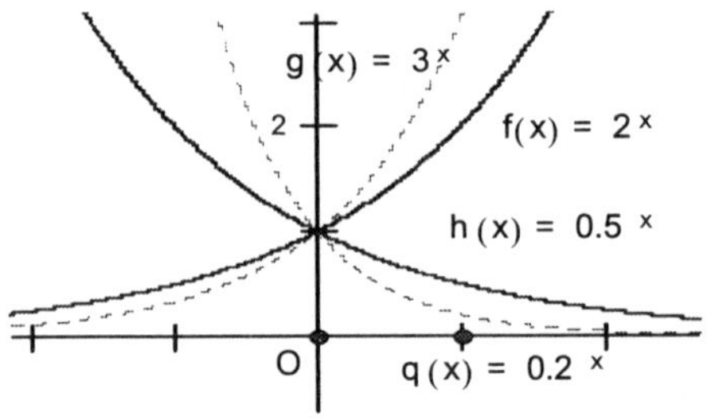


위 그래프로부터 다음 지수함수의 성질을 알 수 있다.

**지수함수 $y=a^x$ $(a>0, a\neq 1)$ 의 그래프의 성질**

1) 정의역은 실수전체의 집합이고, 치역은 $\{y \mid y>0\}$ 이다.

2) 그래프는 $(0,1)$ 을 지나고, $x$ 축을 점근선으로 한다.

3) $a>1$ 일 때 증가함수이고, $a$ 값이 클수록 그래프는 $y$ 축에 가까워진다.

4) $0<a<1$ 일 때 감소함수이고, $a$ 값이 작을수록 그래프는 $y$ 축에 가까워진다.

$y=a^{x-p}+q$ ($p,q$ 는 상수) 꼴의 함수의 그래프는 $y=a^x$ 그래프를 평행이동하여 그릴 수 있다.

## 예제 5-3-13

$f(x)=2^{x+1}$ 의 그래프를 그려라.

풀이 : $y=2^{x+1}=2^{x-(-1)}$ 이므로 주어진 함수의 그래프는 $y=2^x$ 의 그래프를 $x$ 축으로 $-1$ 만큼 평행이동한 것이다.
따라서 그래프는 오른쪽그림과 같다.

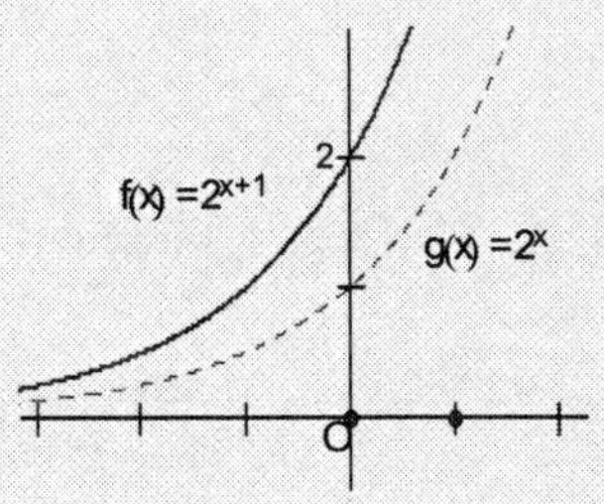


## 문제 5-3-13

다음 지수함수의 그래프를 그려라.

① $y=3^{x-1}$　　② $y=2^{x-2}+1$

### ❽ 로그함수

양의 실수전체를 정의역으로 하는 함수

$$y=\log_a x \ (a>0, a\neq 1)$$

을 밑을 $a$로 하는 **로그함수**라고 한다.

예를 들어 $y=\log_2 x$, $y=\log_{\frac{1}{2}} x$ 등은 로그함수이다.

지수함수 $f(x)=\log_2 x$, $g(x)=\log_5 x$ , $h(x)=\log_{0.5} x$, $q(x)=\log_{0.2} x$ 의 그래프를 그려보면 다음과 같다.

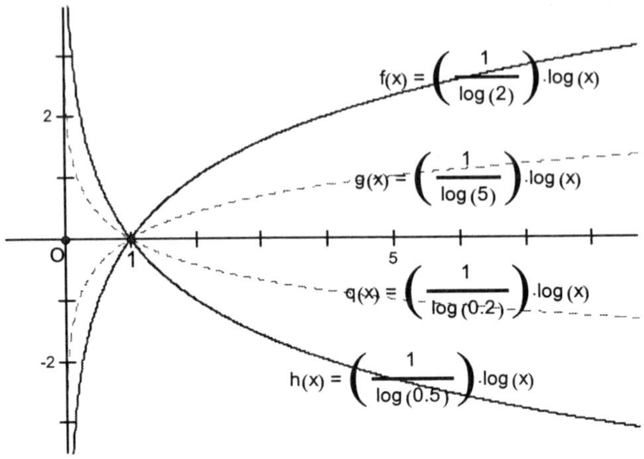


위 그래프로부터 다음 로그함수의 성질을 알 수 있다.

| **로그함수 $y=\log_a x$ $(a>0, a\neq 1)$ 의 그래프의 성질** |
|---|
| 1) 정의역은 $\{x \mid x>0\}$ 집합이고, 치역은 실수전체의 집합이다. |
| 2) 그래프는 $(1,0)$ 을 지나고, $y$ 축을 점근선으로 한다. |
| 3) $a>1$ 일 때 증가함수이고, $a$ 값이 클수록 그래프는 $x$ 축에 가까워진다. |
| 4) $0<a<1$ 일 때 감소함수이고, $a$ 값이 작을수록 그래프는 $x$ 축에 가까워진다. |

$y=\log_a(x-p)+q$ ($p,q$ 는 상수) 꼴의 함수의 그래프는 $y=\log_a x$ 그래프를 평행이동하여 그릴 수 있다.

## 예제 5-3-14

$f(x) = \log_2(x-1)$의 그래프를 그려라.

풀이 : $y = \log_2(x-1)$ 의 그래프는
$y = \log_2 x$ 의 그래프를 $x$ 축으로 1만큼
평행이동한 것이다.
따라서 그래프는 오른쪽그림과 같다.

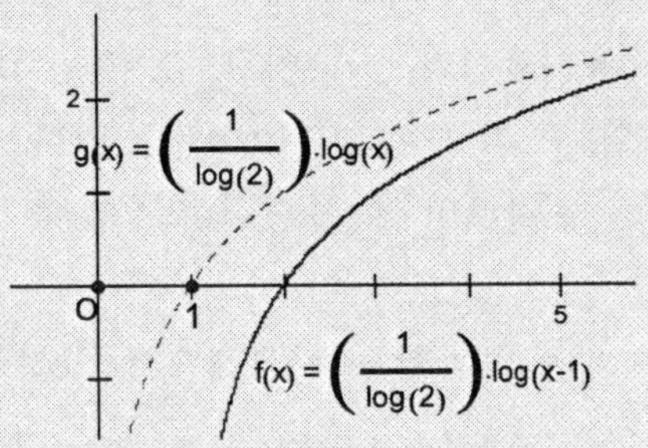


## 문제 5-3-14

다음 로그함수의 그래프를 그려라.

① $y = \log_3(x+1)$ ② $y = \log_3(x-2)+1$

## 연습문제

1\. 다음 각 함수를 상수함수, 항등함수, 일차함수, 이차함수, 유리함수, 무리함수, 지수함수, 로그함수로 구분하여라.

① $f(x) = 3$ ② $f(x) = x$ ③ $f(x) = 2x-10$

④ $f(x) = x^2+1$ ⑤ $f(x) = \dfrac{x}{x+1}$ ⑥ $f(x) = \sqrt{3x+1}$

⑦ $f(x) = (\sqrt{2})^x$ ⑧ $f(x) = \log_4 x$ ⑨ $f(x) = 1^x$

2. 다음 각 일차함수의 $x$절편과 $y$절편을 구하여라.

① $y=4x-3$　　　② $y=-\frac{3}{2}x+1$

3. 일차함수의 그래프가 다음과 같을 때 그 일차함수의 식을 구하여라.

① 기울기가 $-4$ 이고 점 $(0,-5)$ 를 지는 직선

② 두 점 $(-2,2),(2,6)$ 을 지나는 직선

③ $x$절편이 2, $y$절편이 5인 직선

4. 다음 이차함수의 그래프를 그려라. 그리고 최댓값과 최솟값을 조사하여라.

① $y=2x^2+4x-4$　　　② $y=-3x^2+6x-5$

5. 이차함수 $y=x^2+4x-2$ 의 그래프가 $x$축과 만나는 점의 개수를 구하여라.

6. 이차함수 $y=ax^2+bx+c$ 의 그래프가 오른쪽 그림과 같을 때 다음의 부호를 말하여라.

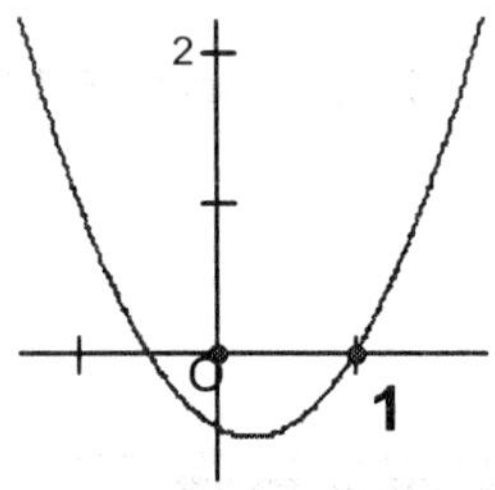


① $a$　　② $b$　　③ $c$

④ $b^2-4ac$　　⑤ $a+b+c$　　⑥ $a-b+c$

7. 다음 유리함수의 정의역, 치역을 구하라. 또, 그래프를 그리고 점근선의 방정식을 구하여라.

① $y=\frac{5}{x+1}-2$　　　② $y=\frac{2x-5}{x-4}$

8. 다음 무리함수의 그래프를 그려라.

① $y=\sqrt{3x-6}+1$　　　② $y=-\sqrt{-x}$

9. 다음 지수함수 및 로그함수의 그래프를 그려라.

① $y=3\times3^{-x}$　　　② $y=\log_2 2(x-1)$

# 제6장 삼각비와 삼각함수

## 6-1 삼각비

오른쪽 그림과 같이 직각삼각형의 한 예각을 $\theta$라 할 때 삼각형의 세 변을 각각 빗변(hypotenuse), 높이(opposite side, the side opposite the angle $\theta$), 밑변(adjacent side, the side adjacent to the angle $\theta$)이라 부른다.

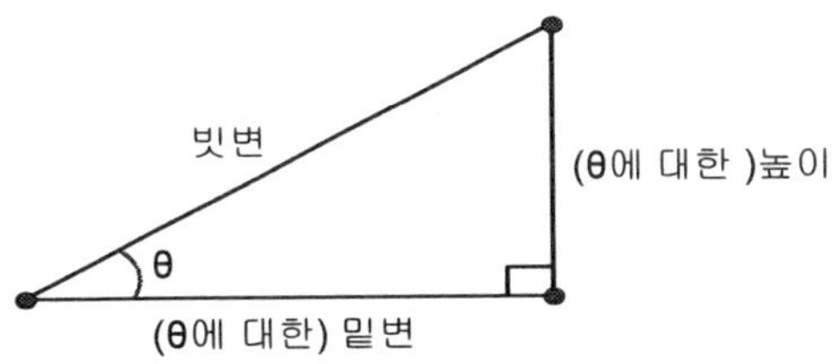


### ❶ 삼각비의 뜻

오른쪽 그림에서 $\triangle ABC$, $\triangle AB_1C_1$ 은 모두 직각삼각형이고 $\angle A = \theta$ 가 공통이므로 이들은 서로 닮은 도형이다.
닮은 도형에서 대응하는 변의 길이의 비가 일정하므로

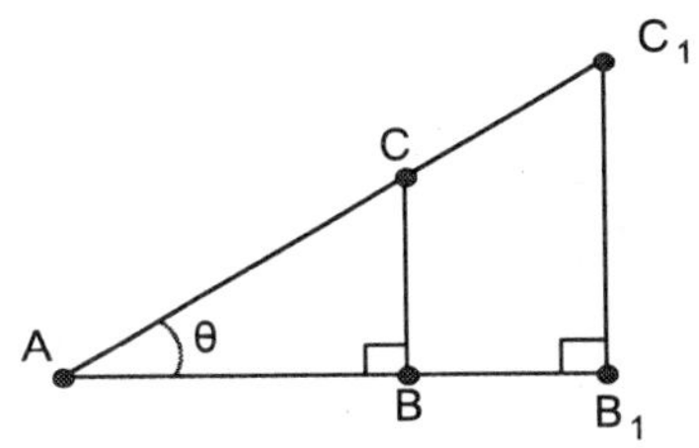


$$\frac{\overline{BC}}{\overline{AC}} = \frac{\overline{B_1C_1}}{\overline{AC_1}}, \quad \frac{\overline{AB}}{\overline{AC}} = \frac{\overline{AB_{1_1}}}{\overline{AC_1}}, \quad \frac{\overline{BC}}{\overline{AB}} = \frac{\overline{B_1C_1}}{\overline{AB_1}}$$

임을 알 수 있다. 이는 $\angle B = 90^\circ$ 인 직각삼각형 $ABC$ 에서 $\angle A = \theta$ 의 크기가 정해지면 삼각형의 크기에 관계없이

$$\frac{\text{높이}}{\text{빗변}}, \frac{\text{밑변}}{\text{빗변}}, \frac{\text{높이}}{\text{밑변}}$$

의 값은 각각 일정함을 나타낸다. 이 때 $\frac{\text{높이}}{\text{빗변}}$ 를 각 $\theta$의 **사인**(sine)이라 하고

$\sin\theta$ 로 나타내며, $\frac{\text{밑변}}{\text{빗변}}$ 은 각 $\theta$의 **코사인**(cosine)이라 하고 $\cos\theta$ 로 나타내며,

$\frac{\text{높이}}{\text{밑변}}$ 는 각 $\theta$의 **탄젠트**(tangent)라 하고 $\tan\theta$로 나타낸다.

한편, $\frac{\text{빗변}}{\text{높이}}, \frac{\text{빗변}}{\text{밑변}}, \frac{\text{밑변}}{\text{높이}}$ 의 값도 각각 일정하며, 이를 차례로 각 $\theta$의 **코시컨트**(cosecant), **시컨트**(secant), **코탄젠트**(cotangent)라 부르고, $\csc\theta$ ($\text{cosec}\theta$), $\sec\theta$, $\cot\theta$로 나타낸다.

이들 $\sin\theta, \cos\theta, \tan\theta, \csc\theta\,(\text{cosec}\theta), \sec\theta, \cot\theta$ 를 각 $\theta$ 의 **삼각비**라고 한다.

삼각비에서 $0 < \theta < 90^\circ$ 임에 주의한다.

**[삼각비의 정의]** 오른쪽 직각삼각형에서

$\sin\theta = \frac{b}{c}$, $\cos\theta = \frac{a}{c}$, $\tan\theta = \frac{b}{a}$

$\csc\theta = \frac{c}{b}$, $\sec\theta = \frac{c}{a}$, $\cot\theta = \frac{a}{b}$

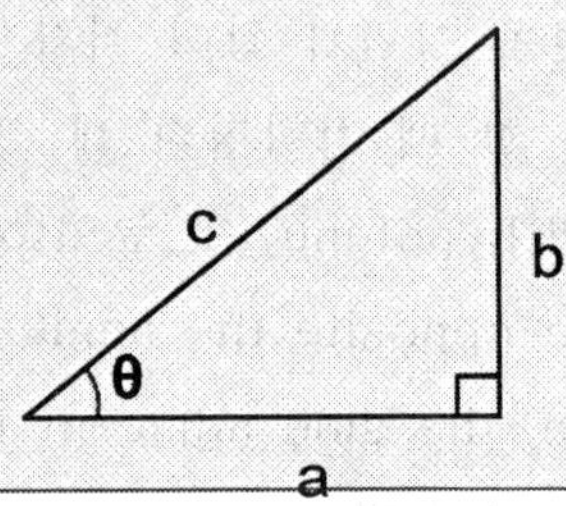


위의 삼각비의 정의에서 $\csc\theta = \frac{c}{b} = \frac{1}{\frac{b}{c}} = \frac{1}{\sin\theta}$

또, 같은 방법으로 $\sec\theta = \frac{1}{\cos\theta}$, $\cot\theta = \frac{1}{\tan\theta}$ 임을 알 수 있다.

## 예제 6-1-1

오른쪽 직각삼각형에서 빗변의 길이 $x$를 구하고, $\theta$ 에 대한 삼각비를 구하여라.

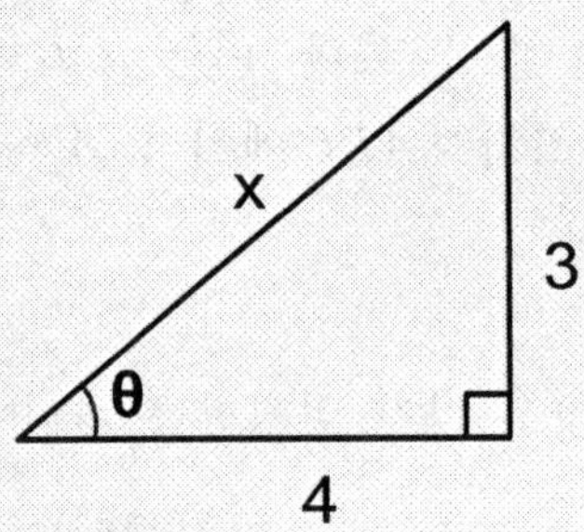


풀이 : 피타고라스의 정리에 의하여

$x^2 = 4^2 + 3^2 = 25$

$\therefore x = 5 \; (\because x > 0)$

따라서

$\sin\theta = \dfrac{3}{5}$ , $\cos\theta = \dfrac{4}{5}$ , $\tan\theta = \dfrac{3}{4}$

$\csc\theta = \dfrac{5}{3}$, $\sec\theta = \dfrac{5}{4}$, $\cot\theta = \dfrac{4}{3}$

## 문제 6-1-1

오른쪽 직각삼각형에서 빗변의 길이를 구하고,
$\theta$ 에 대한 삼각비를 구하여라.

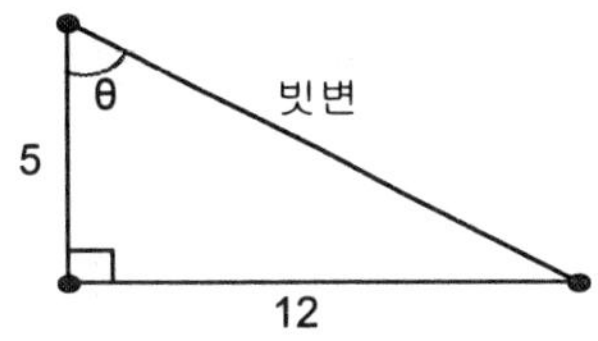


### ❷ 특수각(30°, 45°, 60°)에 대한 삼각비

1) 45° 의 삼각비

오른쪽 그림과 같이 한 변의 길이가 1인 정사각형 $ABCD$ 에서 대각선 $AC$ 를 그으면 세 내각의 크기가 45°, 45°, 90° 인 직각삼각형 $ABC$ 를 얻는다. 이 때, 피타고라스의 정리에 의하여 $\overline{AC}$ 의 길이는 $\sqrt{2}$ 이다.

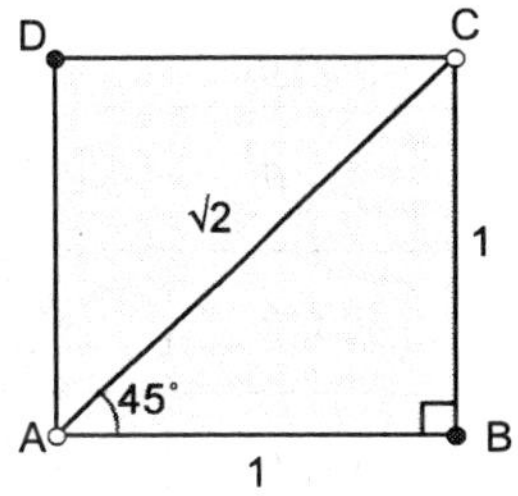


따라서 45° 의 삼각비의 값은 다음과 같다.

$$\sin 45° = \frac{1}{\sqrt{2}} = \frac{\sqrt{2}}{2},\ \cos 45° = \frac{1}{\sqrt{2}} = \frac{\sqrt{2}}{2},\ \tan 45° = \frac{1}{1} = 1$$

$$\csc 45° = \frac{\sqrt{2}}{1} = \sqrt{2},\ \sec 45° = \frac{\sqrt{2}}{1} = \sqrt{2},\ \cot 45° = \frac{1}{1} = 1$$

2) 30°, 60° 의 삼각비

오른쪽 그림과 같이 한 변의 길이가 2인 정삼각형 $ABC$ 의 꼭짓점 $A$ 에서 변 $BC$ 에 내린 수선의 발을 $D$ 라 하면 세 내각의 크기가 30°, 60°, 90° 인 직각삼각형 $ABD$ 를 얻는다. 이 때, 피타고라스의 정리에 의하여 $\overline{AD}$ 의 길이는 $\sqrt{3}$ 이다.

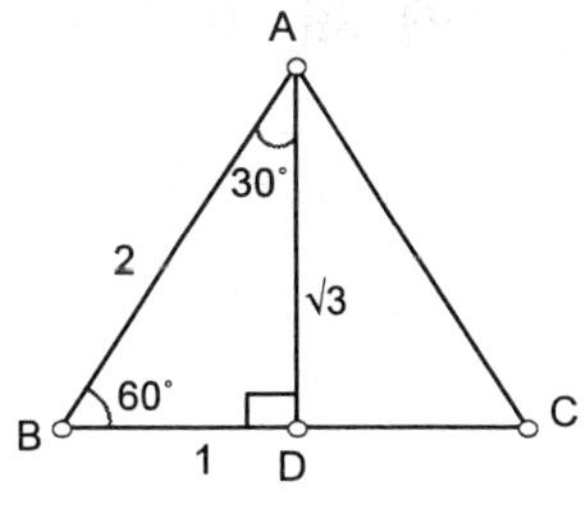


따라서 30° 의 삼각비의 값은 다음과 같다.

$$\sin 30^\circ = \frac{1}{2},\ \cos 30^\circ = \frac{\sqrt{3}}{2},\ \tan 30^\circ = \frac{1}{\sqrt{3}} = \frac{\sqrt{3}}{3}$$

$$\csc 30^\circ = \frac{2}{1} = 2,\ \sec 30^\circ = \frac{2}{\sqrt{3}} = \frac{2\sqrt{3}}{3},\ \cot 30^\circ = \frac{\sqrt{3}}{1} = \sqrt{3}$$

또, $60^\circ$ 의 삼각비의 값은 다음과 같다.

$$\sin 60^\circ = \frac{\sqrt{3}}{2},\ \cos 60^\circ = \frac{1}{2},\ \tan 60^\circ = \frac{\sqrt{3}}{1} = \sqrt{3}$$

$$\csc 60^\circ = \frac{2}{\sqrt{3}} = \frac{2\sqrt{3}}{3},\ \sec 60^\circ = \frac{2}{1} = 2,\ \cot 60^\circ = \frac{1}{\sqrt{3}} = \frac{\sqrt{3}}{3}$$

이상을 정리하면 다음과 같다.

[$30^\circ$, $45^\circ$, $60^\circ$ 에 대한 삼각비]

| $\theta$ / 삼각비 | $30^\circ$ | $45^\circ$ | $60^\circ$ |
|---|---|---|---|
| $\sin\theta$ | $\frac{1}{2}$ | $\frac{\sqrt{2}}{2}$ | $\frac{\sqrt{3}}{2}$ |
| $\cos\theta$ | $\frac{\sqrt{3}}{2}$ | $\frac{\sqrt{2}}{2}$ | $\frac{1}{2}$ |
| $\tan\theta$ | $\frac{\sqrt{3}}{3}$ | $1$ | $\sqrt{3}$ |
| $\csc\theta$ | $2$ | $\sqrt{2}$ | $\frac{2\sqrt{3}}{3}$ |
| $\sec\theta$ | $\frac{2\sqrt{3}}{3}$ | $\sqrt{2}$ | $2$ |
| $\cot\theta$ | $\sqrt{3}$ | $1$ | $\frac{\sqrt{3}}{3}$ |

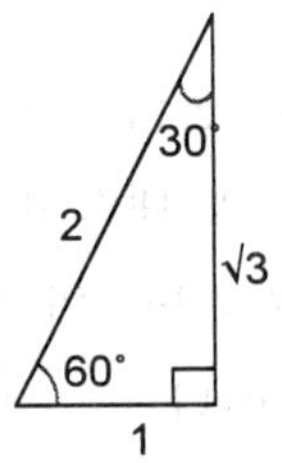


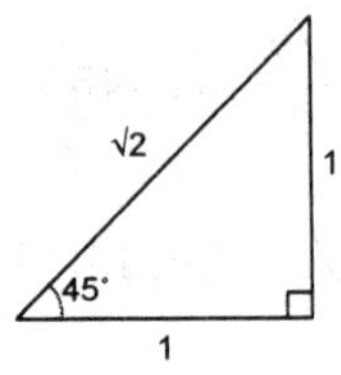


## 예제 6-1-2

다음 값을 계산하여라.

① $\sin 30^\circ + \csc 30^\circ$　　② $\cos 60^\circ \times \tan 30^\circ$

풀이 : ① $\sin 30^\circ + \csc 30^\circ = \frac{1}{2} + 2 = \frac{5}{2}$

② $\cos 60^\circ \times \tan 30^\circ = \frac{1}{2} \times \frac{\sqrt{3}}{3} = \frac{\sqrt{3}}{6}$

## 문제 6-1-2

다음 값을 구하여라.

① $\sin 60^\circ + \cos 30^\circ$ ② $\cos 60^\circ - \tan 45^\circ$

③ $\cot 60^\circ \times \sec 30^\circ$ ④ $\tan 60^\circ \div \cos 30^\circ$

### ❸ 삼각비 사이의 관계

$(\sin\theta)^2$ 을 $\sin^2\theta$ 로 나타내고 나머지 경우도 같이 나타내며, 삼각비 사이에는 다음의 관계가 성립함을 알 수 있다.

**[정리 6-1]** $0 < \theta < 90^\circ$ 일 때 다음이 성립한다.

(1) $\tan\theta = \frac{\sin\theta}{\cos\theta}$, $\cot\theta = \frac{\cos\theta}{\sin\theta}$

(2) $\sin(90^\circ - \theta) = \cos\theta$, $\cos(90^\circ - \theta) = \sin\theta$, $\tan(90^\circ - \theta) = \cot\theta$

(3) $\sin^2\theta + \cos^2\theta = 1$ , $1 + \tan^2\theta = \sec^2\theta$ , $1 + \cot^2\theta = \csc^2\theta$

증명: (1) 오른쪽 그림과 같은 직각삼각형에서

$$\sin\theta = \frac{b}{c},\ \cos\theta = \frac{a}{c},\ \tan\theta = \frac{b}{a},\ \cot\theta = \frac{a}{b}$$

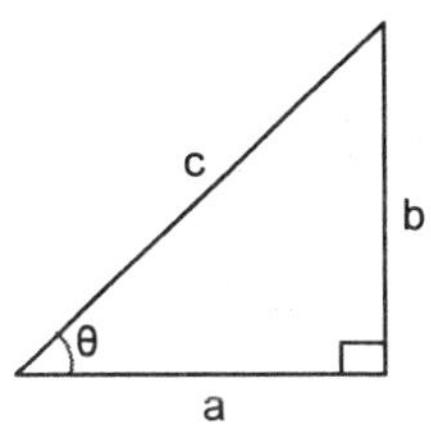


$$\therefore \tan\theta = \frac{b}{a} = \frac{\frac{b}{c}}{\frac{a}{c}} = \frac{\sin\theta}{\cos\theta}$$

$$\therefore \cot\theta = \frac{a}{b} = \frac{\frac{a}{c}}{\frac{b}{c}} = \frac{\cos\theta}{\sin\theta}$$

(2) 오른쪽 그림과 같은 직각삼각형에서

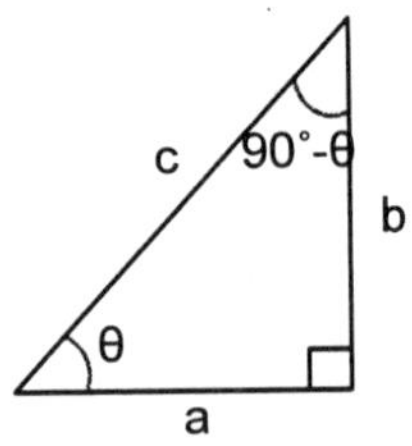


$\sin\theta = \dfrac{b}{c}$, $\cos\theta = \dfrac{a}{c}$, $\cot\theta = \dfrac{a}{b}$

$\sin(90° - \theta) = \dfrac{a}{c}$, $\cos(90° - \theta) = \dfrac{b}{c}$, $\tan(90° - \theta) = \dfrac{a}{b}$

$\therefore \sin(90° - \theta) = \cos\theta$, $\cos(90° - \theta) = \sin\theta$, $\tan(90° - \theta) = \cot\theta$

(3) (ㄱ) 오른쪽 그림과 같은 직각삼각형에서

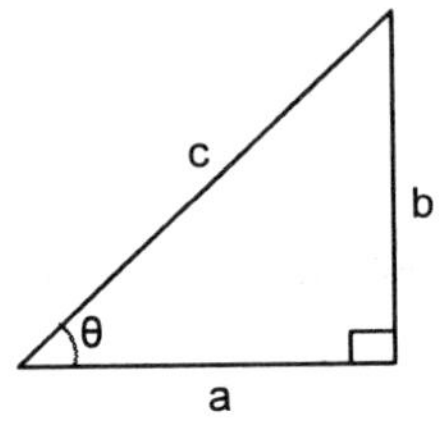


$\sin\theta = \dfrac{b}{c}$, $\cos\theta = \dfrac{a}{c}$

따라서

$\sin^2\theta + \cos^2\theta = \left(\dfrac{b}{a}\right)^2 + \left(\dfrac{a}{c}\right)^2 = \dfrac{b^2 + a^2}{c^2} \cdots \boxed{1}$

한편, 피타고라스의 정리로부터

$a^2 + b^2 = c^2 \cdots \boxed{2}$

$\boxed{1}$, $\boxed{2}$ 로부터 $\sin^2\theta + \cos^2\theta = 1$

(ㄴ) $1 + \tan^2\theta = 1 + \left(\dfrac{\sin\theta}{\cos\theta}\right)^2 = \dfrac{\cos^2\theta + \sin^2\theta}{\cos^2\theta}$

$= \dfrac{1}{\cos^2\theta} = \left(\dfrac{1}{\cos\theta}\right)^2 = (\sec\theta)^2$

$= \sec^2\theta$

(ㄷ) $1 + \cot^2\theta = 1 + \left(\dfrac{\cos\theta}{\sin\theta}\right)^2 = \dfrac{\sin^2\theta + \cos^2\theta}{\sin^2\theta}$

$= \dfrac{1}{\sin^2\theta} = \left(\dfrac{1}{\sin\theta}\right)^2 = (\csc\theta)^2$

$= \csc^2\theta$

## 예제 6-1-3

$\theta$가 예각이고, $\tan\theta = 3$ 일 때 다음을 구하여라.

① $\cot\theta$ ② $\sec\theta$ ③ $\sin(90° - \theta)$

풀이 : ① $\cot\theta = \dfrac{1}{\tan\theta} = \dfrac{1}{3}$

② $\sec^2\theta = 1 + \tan^2\theta = 1 + 3^2 = 10$

$\therefore \sec\theta = \sqrt{10}$

③ $\sin(90° - \theta) = \cos\theta = \dfrac{1}{\sec\theta} = \dfrac{1}{\sqrt{10}} = \dfrac{\sqrt{10}}{10}$

## 문 제 6-1-3

$\theta$가 예각이고, $\csc\theta = \dfrac{\sqrt{13}}{2}$ 일 때 다음을 구하여라.

① $\sin\theta$　　② $\cos\theta$　　③ $\sec(90° - \theta)$

## 연습문제

1. 다음 각 직각삼각형에서 나머지 한 변의 길이를 구하고, 각 $\theta$에 대한 삼각비를 구하여라.

①

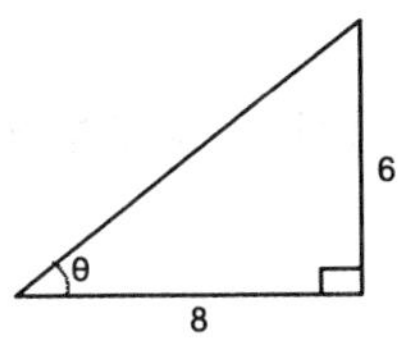


②

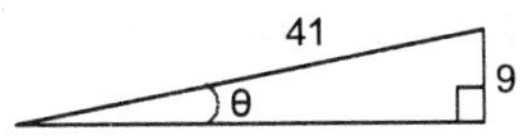


2. 다음을 구하여라.

① $\tan 60° + \cot 30°$　　② $\sec 60° - \csc 30°$

③ $\csc 60° \times \cot 30°$　　④ $\csc 60° \div \cos 30°$

3. $\theta$가 예각일 때 다음을 구하여라.

① $\sin\theta = \dfrac{3}{4}$ 일 때 나머지 삼각비

② $\cot\theta = 5$ 일 때 나머지 삼각비

③ $\csc\theta = \dfrac{17}{4}$ 일 때 나머지 삼각비

4. 다음 등식을 증명하여라.

① $\tan\theta\cos\theta = \sin\theta$

② $(1-\sin\theta)(1+\sin\theta) = \cos^2\theta$

③ $(\sec\theta - \tan\theta)(\sec\theta + \tan\theta) = 1$

5. 다음 직각삼각형에서 $x, y$ 의 값을 구하여라.

①

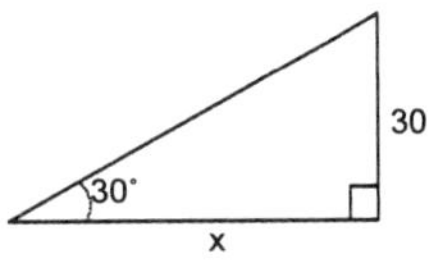


②

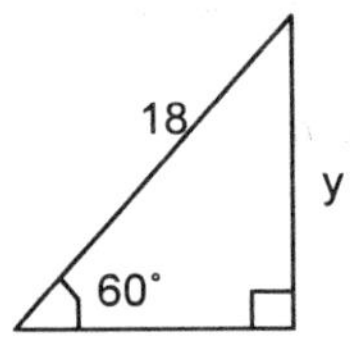


## 6-2 삼각함수

### ❶ 호도법

각의 크기를 나타내는 방법으로 60분법과 호도법이 있으며 여기서는 호도법에 대하여 알아보자.

**[1호도의 정의]**

오른쪽 그림과 같이 반지름과 호의 길이가 각각 $r$ 인 부채꼴의 중심각의 크기를 1호도 또는 1 rad(radian)이라 한다.

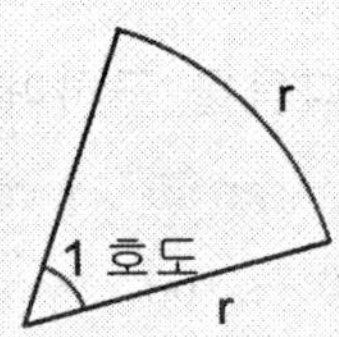


위 정의에 따르면 반지름의 길이가 $r$ 이고 호의 길이가 $l$ 인 부채꼴의 중심각의 크기는 $\dfrac{l}{r}$ 호도이다. 한편, 반지름의 길이가 $r$ 인 반원의 호의 길이는 $\pi r$ 이므로

중심각의 크기는

$$\frac{\pi r}{r} = \pi \text{ 호도}$$

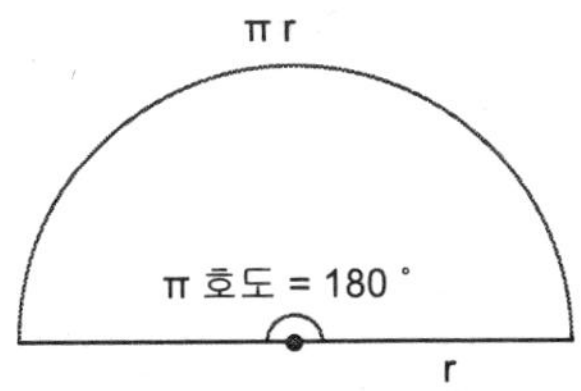


이며, 이를 60분법으로 나타내면 180° 이다. 따라서 다음을 알 수 있다.

$\pi = 180°$ ............................................................................ (a)

위의 (a)를 이용하면 60분법으로 나타내어진 각을 호도법으로, 호도법으로 나타내어진 각을 60분법으로 바꿀 수 있다.

## 예제 6-2-1

다음에서 60분법은 호도법으로, 호도법은 60분법으로 나타내어라.

① $60°$ ② $\frac{3}{5}\pi$

③ $150°$ ④ $\frac{5}{4}\pi$

풀이 : 위의 (a)로부터 $1° = \frac{\pi}{180}$ , $1 = \frac{180°}{\pi}$ 이므로

① $60° = 60 \times 1° = 60 \times \frac{\pi}{180} = \frac{\pi}{3}$

② $\frac{3}{5}\pi = \frac{3}{5} \times 180° = 108°$

③ $150° = 150 \times 1° = 150 \times \frac{\pi}{180} = \frac{5}{6}\pi$

④ $\frac{5}{4}\pi = \frac{5}{4} \times 180° = 225°$

## 문제 6-2-1

다음에서 60분법은 호도법으로, 호도법은 60분법으로 나타내어라.

① $45°$ ② $1$

③ 270° ④ $\frac{11}{6}\pi$

⑤ 1° ⑥ $\frac{2}{9}\pi$

### ❷ 일반각

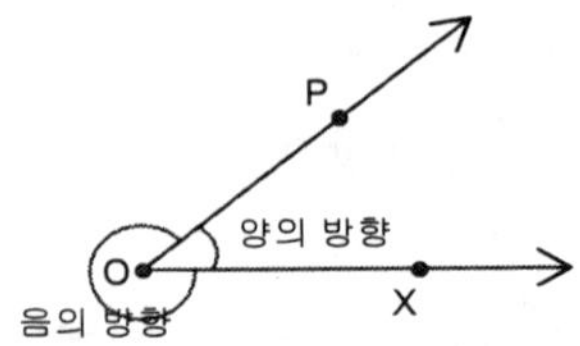


오른쪽 그림과 같이 두 개의 반직선 $OX$ 와 $OP$ 가 만드는 $\angle XOP$ 는 반직선 $OX$ 가 점 $O$를 중심으로 회전하여 반직선 $OP$ 가 되게 하는 회전한 양으로 볼 수 있다.
이렇게 볼 때 $\overrightarrow{OX}$ 를 **시초선**, $\overrightarrow{OP}$ 를 **동경**이라 한다.
$\angle XOP$ 에서 동경 $\overrightarrow{OP}$ 가 시계바늘이 도는 방향과 반대 방향으로 회전하여 생긴 각을 양의 각이라 하고 각의 크기에 + 부호를 붙여 나타내고, 시계바늘이 도는 방향으로 회전하여 생긴 각을 음의 각이라 하고 각의 크기에 − 부호를 붙여 나타낸다. 양의 각인 경우에는 + 부호를 흔히 생략한다.

## 예제 6-2-2

예제 6-2-2 다음 각을 나타내는 시초선과 동경을 그려라.

① 40° ② −300°

풀이 : ①

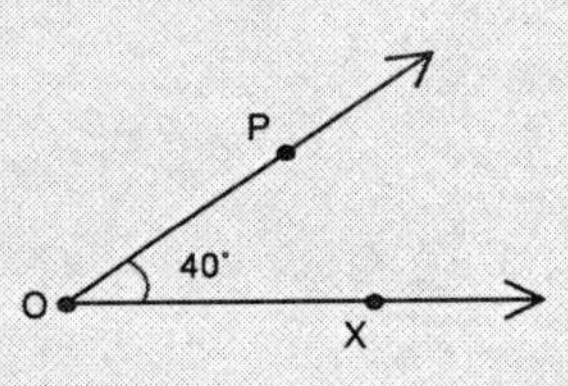


②

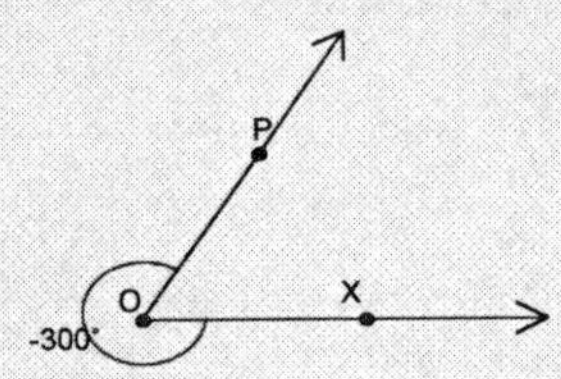


## 문제 6-2-2

다음 각을 나타내는 시초선과 동경을 그려라.

① 60° ② −240°

각의 크기가 주어지면 그 각의 크기를 나타내는 동경은 단 하나로 결정된다. 그러나 동경의 위치가 정해지더라도 그 동경을 나타낼 수 있는 각의 크기는 단 하나로 결정되지 않는다. 예를 들어 동경 $\overrightarrow{OP}$ 가 나타낼 수 있는 한 각의 크기가 30° 일 때,

$$360° + 30°, 360° \times 2 + 30°, \cdots$$

$$360° \times (-1) + 30°, 360° \times (-2) + 30°, \cdots$$

은 모두 동경 $\overrightarrow{OP}$ 가 나타낼 수 있는 각이 된다.

일반적으로 동경 $\overrightarrow{OP}$ 를 나타낼 수 있는 한 각의 크기가 $\theta$ 라면

$$360° \times n + \theta \ (n\text{은 정수})$$

을 동경 $\overrightarrow{OP}$ 가 나타내는 **일반각**이라 한다. 일반각을 나타낼 때 $\theta$ 를 흔히 $0 \le \theta < 360°$ 의 범위에서 택한다.

## 예제 6-2-3

다음 각의 동경을 나타낼 수 있는 양의 최소 각을 구하여라.

① 770°　　　② −800°

풀이 : ① $770° = 360° \times 2 + 50°$ 이므로 구하는 양의 최소 각은 50° 이다.

② $-800° = 360° \times (-3) + 280°$ 이므로 구하는 양의 최소 각은 280° 이다.

## 문제 6-2-3

다음 각의 동경을 나타낼 수 있는 양의 최소 각을 구하여라.

① 900°　　　② −1035°

좌표평면에서 $\angle XOP$ 의 시초선 $\overrightarrow{OX}$ 를 주로 $x$ 의 양의방향에 맞추며, 이 때 동경이 제1사분면에 놓여 있으면 이 동경을 나타내는 각을 제1사분면의 각이라 하고, 다른 사분면에 대해서도 같은 방법으로 생각한다.

### ❸ 일반각에 대한 삼각함수

아래 논의에서는 모든 각의 시초선을 $x$ 의 양의방향으로 한다.
오른쪽 그림과 같이 중심이 원점이고 반지름 $r$인 원과 각 $\theta$를 나타내는 동경이 만나는 점을 $P(x,y)$ 라면 반지름 $r$의 값에 관계없이

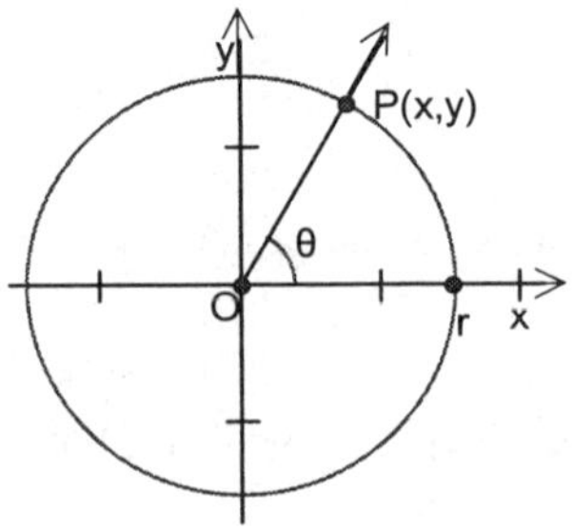


$$\frac{y}{r},\ \frac{x}{r},\ \frac{y}{x}$$

은 단 하나로 결정된다.
즉, $r \neq 0$ 일 때 대응관계

$$\theta \rightarrow \frac{y}{r},\ \theta \rightarrow \frac{x}{r},\ \theta \rightarrow \frac{y}{x}$$

은 각각 $\theta$의 함수임을 알 수 있다. 이 함수를 차례로 **사인함수, 코사인함수, 탄젠트함수**라 하고, 이것을 각각

$$\sin\theta = \frac{y}{r},\ \cos\theta = \frac{x}{r},\ \tan\theta = \frac{y}{x}$$

로 나타낸다.

또, 대응관계

$$\theta \rightarrow \frac{r}{y},\ \theta \rightarrow \frac{r}{x},\ \theta \rightarrow \frac{x}{y}$$

도 $\theta$의 함수이다. 이를 차례로 **코시컨트함수, 시컨트함수, 코탄젠트함수**라 하고, 이것을 각각

$$\csc\theta = \frac{r}{y},\ \sec\theta = \frac{r}{x},\ \cot\theta = \frac{x}{y}$$

와 같이 나타낸다. 위에서 정의된 여섯 가지의 함수를 통틀어 **삼각함수**라 한다.

## 예 제 6-2-4

315° 에 대한 삼각함수의 값을 구하여라.

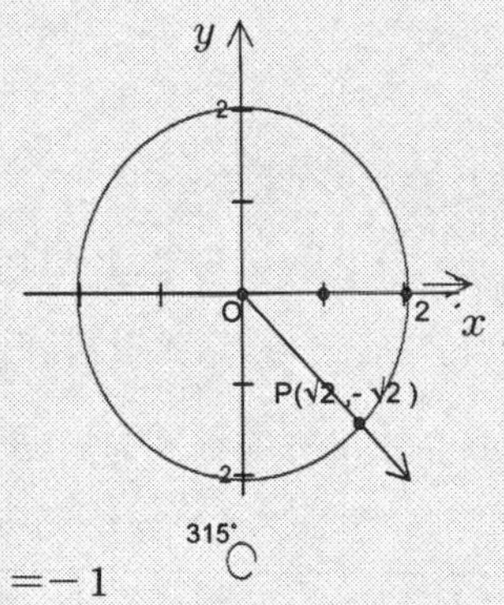


풀이 : 오른쪽 그림과 같이 반지름 2 인 원과 315° 를 나타내는 동경 $\overrightarrow{OP}$ 와의 교점$P$ 의 좌표를 $(x,y)$ 라면

$y=-x$ , $x^2+y^2=2^2$ 이므로 $2x^2=4$

$\therefore x=\sqrt{2}\,, y=-\sqrt{2}$

따라서 삼각함수의 값은 다음과 같다.

$\sin 315° = \dfrac{-\sqrt{2}}{2}$, $\cos 315° = \dfrac{\sqrt{2}}{2}$, $\tan 315° = \dfrac{-\sqrt{2}}{\sqrt{2}}=-1$

$\csc 315° = \dfrac{2}{-\sqrt{2}} = -\sqrt{2}$, $\sec 315° = \dfrac{2}{\sqrt{2}} = \sqrt{2}$, $\tan 315° = \dfrac{\sqrt{2}}{-\sqrt{2}} = -1$

## 문 제 6-2-4

$\dfrac{2\pi}{3}$ 에 대한 삼각함수의 값을 구하여라.

## 예 제 6-2-5

다음 값을 구하여라.

① $\sin 0°$ ② $\cos 0°$ ③ $\tan 0°$

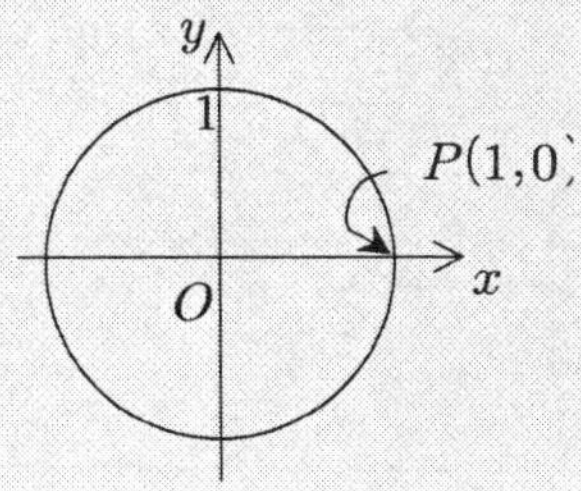


풀이 : 오른쪽 그림과 같이 반지름 1 인 원과 0° 를 나타내는 동경 $\overrightarrow{OP}$ 와의 교점$P$ 의 좌표는 $(1,0)$ 이므로

$\sin 0° = \dfrac{0}{1}=0$, $\cos 0° = \dfrac{1}{1}=1$, $\tan 0° = \dfrac{0}{1}=0$

## 문제 6-2-5

다음 값을 구하여라.

① $\sin 90^\circ$　　② $\cos 90^\circ$　　③ $\tan 180^\circ$

④ $\cos 180^\circ$　　⑤ $\sin 270^\circ$　　⑥ $\cos(-180^\circ)$

### ❹ 삼각함수의 부호

각 $\theta$ 가 나타내는 동경과 단위원이 만나는 점을 $P(x,y)$ 라면
$\theta$ 가 몇 사분면의 각인가에 따라 $x, y$ 의 부호는 다음과 같이 정해진다.

| 사분면 \ 좌표 | $x$ | $y$ |
|---|---|---|
| 1 | + | + |
| 2 | − | + |
| 3 | − | − |
| 4 | + | − |

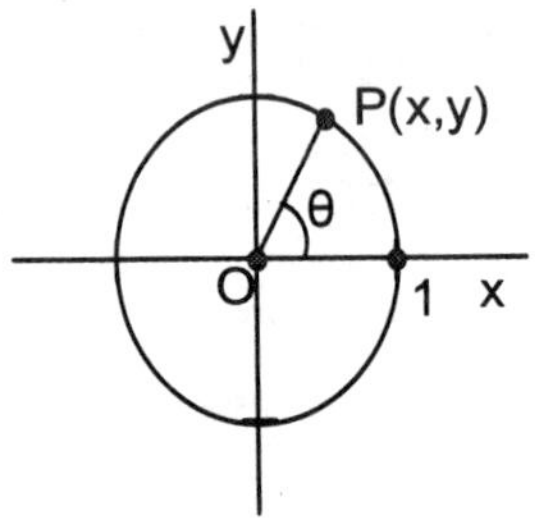


$x = \cos\theta, y = \sin\theta$ 이므로 $\sin\theta$ 의 부호와 $x$ 의 부호는 같고, $\cos\theta$ 의 부호와 $y$ 의 부호와 같다. 따라서 $\theta$ 가 제1사분면의 각이라면

$\sin\theta = y > 0, \cos\theta = x > 0, \tan\theta = \dfrac{y}{x} > 0$

같은 방법으로 하면 $\theta$ 가 몇 사분면의 각인가에 따라 삼각함수의 부호는 다음과 같다.

| 사분면 \ 삼각함수 | $\sin\theta, \csc\theta$ | $\cos\theta, \sec\theta$ | $\tan\theta, \cot\theta$ |
|---|---|---|---|
| 1 | + | + | + |
| 2 | + | − | − |
| 3 | − | − | + |
| 4 | − | + | − |

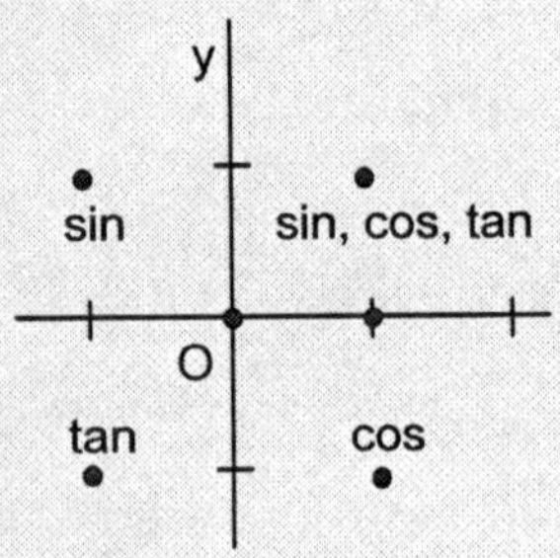

## 예제 6-2-6

$\sin\theta\cos\theta < 0$ 일 때 $\theta$ 는 몇 사분면의 각인가?

풀이: $\sin\theta\cos\theta < 0$ 이므로 $\sin\theta > 0$, $\cos\theta < 0$ 또는 $\sin\theta < 0$, $\cos\theta > 0$ 이다.

(a) $\sin\theta > 0$, $\cos\theta < 0$ 인 경우 $\theta$ 는 제2사분면의 각이다.

(b) $\sin\theta < 0$, $\cos\theta > 0$ 인 경우 $\theta$ 는 제4사분면의 각이다.

따라서 $\theta$ 는 제2사분면의 각 또는 제4사분면의 각이다.

## 문제 6-2-6

$\cos\theta\tan\theta > 0$ 일 때 $\theta$ 는 몇 사분면의 각인가?

### ❺ 삼각함수사이의 관계

각 $\theta$ 가 나타내는 동경과 단위원이 만나는 점을 $P(x,y)$ 라면
삼각함수의 정의에 의하여

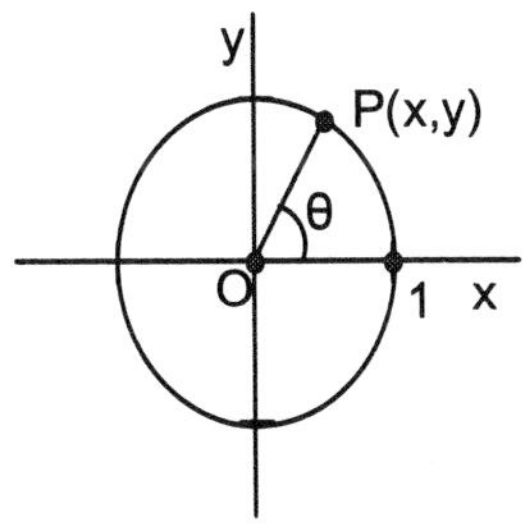


$\sin\theta = y, \csc\theta = \dfrac{1}{y}$ 이므로 $\csc\theta = \dfrac{1}{\sin\theta}$

$\cos\theta = x, \sec\theta = \dfrac{1}{x}$ 이므로 $\sec\theta = \dfrac{1}{\cos\theta}$

$\tan\theta = \dfrac{y}{x}, \cot\theta = \dfrac{x}{y}$ 이므로 $\cot\theta = \dfrac{1}{\tan\theta}$

$\tan\theta = \dfrac{y}{x} = \dfrac{\sin\theta}{\cos\theta}$ , $\cot\theta = \dfrac{x}{y} = \dfrac{\cos\theta}{\sin\theta}$

한편, 원점 $O$ 와 점 $P(x,y)$ 사이의 거리가 1 이므로 $x^2 + y^2 = 1$
그런데 $x = \cos\theta$, $y = \sin\theta$ 이므로

$$\cos^2\theta + \sin^2\theta = 1 \cdots \boxed{1}$$

또, $\boxed{1}$ 의 양변을 $\cos^2\theta$ 로 나누면 $1 + \dfrac{\sin^2\theta}{\cos^2\theta} = \dfrac{1}{\cos^2\theta}$ 이므로

$$1 + \tan^2\theta = \sec^2\theta$$

한편, $\boxed{1}$ 의 양변을 $\sin^2\theta$ 로 나누면 $\dfrac{\cos^2\theta}{\sin^2\theta} + 1 = \dfrac{1}{\sin^2\theta}$ 이므로

$$1+\cot^2\theta = \csc^2\theta$$

이상으로부터 삼각함수사이의 관계를 정리하면 다음과 같다.

**삼각함수 사이의 관계식**

1) $\csc\theta = \dfrac{1}{\sin\theta}$ , $\sec\theta = \dfrac{1}{\cos\theta}$ , $\cot\theta = \dfrac{1}{\tan\theta}$

2) $\tan\theta = \dfrac{\sin\theta}{\cos\theta}$ , $\cot\theta = \dfrac{\cos\theta}{\sin\theta}$

3) $\cos^2\theta + \sin^2\theta = 1$ , $1+\tan^2\theta = \sec^2\theta$ , $1+\cot^2\theta = \csc^2\theta$

## 예제 6-2-7

$\sin\theta + \cos\theta = \dfrac{1}{2}$ 일 때 $\sin\theta\cos\theta$ 의 값을 구하여라.

풀이 : $\sin\theta + \cos\theta = \dfrac{1}{2}$ 의 양변을 제곱하면

$$\sin^2\theta + 2\sin\theta\cos\theta + \cos^2\theta = \frac{1}{4}$$

$$2\sin\theta\cos\theta + 1 = \frac{1}{4}$$

$$\therefore \sin\theta\cos\theta = -\frac{3}{8}$$

## 문제 6-2-7

$\sin\theta - \cos\theta = \dfrac{1}{2}$ 일 때 $\sin\theta\cos\theta$ 의 값을 구하여라.

## 예제 6-2-8

다음 식을 간단히 하여라.

$$(\sin\theta+\cos\theta)^2+(\sin\theta-\cos\theta)^2$$

풀이: $(\sin\theta+\cos\theta)^2+(\sin\theta-\cos\theta)^2$
$=\sin^2\theta+2\sin\theta\cos\theta+\cos^2\theta+\sin^2\theta-2\sin\theta\cos\theta+\cos^2\theta$
$=2(\sin^2\theta+\cos^2\theta)$
$=2$

## 문제 6-2-8

다음 식을 간단히 하여라.

$$\frac{1+\sin\theta}{\cos\theta}+\frac{\cos\theta}{1+\sin\theta}$$

### ❻ $-\theta$에 대한 삼각함수

오른쪽 그림과 같이 $\theta$와 $-\theta$가 나타내는 동경과 단위원이 만나는 점을 각각 $P(x,y), P'(x',y')$라면 점 $P$와 $P'$는 $x$축에 대하여 대칭이므로

$$x'=x\ ,\ y'=-y$$

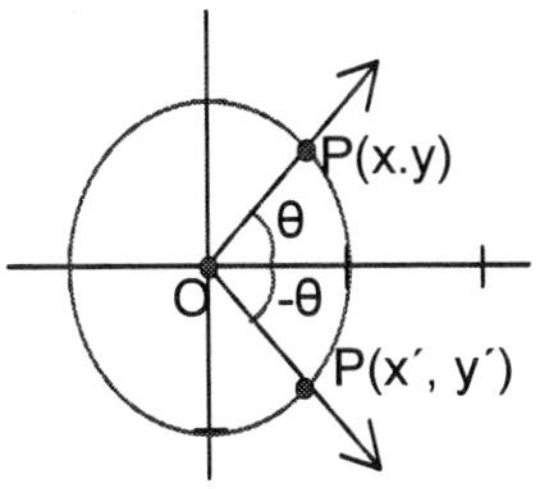


따라서 삼각함수의 정의로부터 다음을 알 수 있다.

$$\sin(-\theta)=y'=-y=-\sin\theta$$
$$\cos(-\theta)=x'=x=\cos\theta$$
$$\tan(-\theta)=\frac{y'}{x'}=\frac{-y}{x}=-\frac{y}{x}=-\tan\theta$$

한편,

$$\csc(-\theta)=\frac{1}{\sin(-\theta)}=\frac{1}{-\sin\theta}=-\frac{1}{\sin\theta}=-\csc\theta$$
$$\sec(-\theta)=\frac{1}{\cos(-\theta)}=\frac{1}{\cos\theta}=\sec\theta$$
$$\cot(-\theta)=\frac{1}{\tan(-\theta)}=\frac{1}{-\tan\theta}=-\frac{1}{\tan\theta}=-\cot\theta$$

## 예제 6-2-9

다음 값을 구하여라.

① $\sin(-30°)$ ② $\cos(-45°)$ ③ $\tan(-60°)$

풀이 : ① $\sin(-30°) = -\sin 30° = -\frac{1}{2}$

② $\cos(-45°) = \cos 45° = \frac{\sqrt{2}}{2}$

③ $\tan(-60°) = -\tan 60° = -\sqrt{3}$

## 문제 6-2-9

다음 값을 구하여라.

① $\sin(-60°)$ ② $\cos(-30°)$ ③ $\tan(-45°)$

④ $\csc(-30°)$ ⑤ $\sec(-45°)$ ⑥ $\cot(-60°)$

함수 $f(x)$가 $f(-x) = f(x)$ 를 만족하면 **우함수**라 한고, $f(-x) = -f(x)$ 를 만족하면 **기함수**라 하는데 삼각함수 중에서 코사인함수와 시컨트함수는 우함수이고, 나머지 삼각함수는 모두 기함수이다.

**❼ $(2n\pi + \theta)$ 의 삼각함수** (단, $n$은 정수)

$\theta$ 와 $(2n\pi + \theta)$ 가 나타내는 동경이 일치하므로 단위원과 두 동경이 각각 만나는 점도 일치한다. 따라서 삼각함수의 정의에 의하여 다음을 알 수 있다.

$\sin(2n\pi + \theta) = \sin\theta$, $\cos(2n\pi + \theta) = \cos\theta$, $\tan(2n\pi + \theta) = \tan\theta$

$\csc(2n\pi + \theta) = \csc\theta$, $\sec(2n\pi + \theta) = \sec\theta$, $\cot(2n\pi + \theta) = \cot\theta$

## 예제 6-2-10

$\csc(-\frac{35}{3}\pi)$ 의 값을 구하여라.

풀이 : $\csc(-\frac{35}{3}\pi) = \csc\left\{2\pi\times(-6)+\frac{\pi}{3}\right\}$

$$= \csc\frac{\pi}{3} = \frac{1}{\sin\frac{\pi}{3}} = \frac{1}{\frac{\sqrt{3}}{2}} = \frac{2}{\sqrt{3}} = \frac{2\sqrt{3}}{3}$$

## 문제 6-2-10

다음 값을 구하여라.

① $\sin\frac{25}{6}\pi$　　② $\cos\frac{33}{4}\pi$　　③ $\tan(-\frac{15}{4}\pi)$

### ❽ $(\frac{\pi}{2}+\theta)$ 의 삼각함수

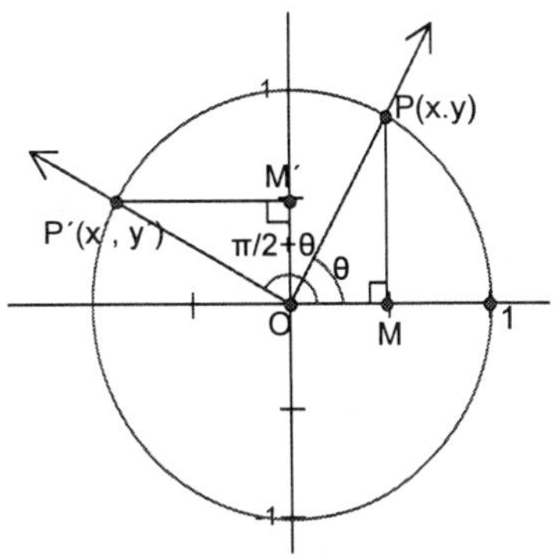


오른쪽 그림과 같이 $\theta$ 와 $\frac{\pi}{2}+\theta$ 가 나타내는 동경이 단위원과 만나는 점을 각각 $P(x,y)$, $P'(x',y')$ 이라 할 때, 점 $P$ 에서 $x$ 축에 내린 수선의 발을 $M$, 점 $P'$ 에서 $y$ 축에 내린 수선의 발을 $M'$ 이라 하고, $\triangle OPM$ 과 $\triangle OP'M'$ 를 생각하면

$$\triangle OPM \equiv \triangle OP'M'$$

이므로

$$x' = -y\ ,\ y' = x$$

따라서 삼각함수의 정의로부터 다음을 알 수 있다.

$$\sin\left(\frac{\pi}{2}+\theta\right)=y'=x=\cos\theta$$
$$\cos\left(\frac{\pi}{2}+\theta\right)=x'=-y=-\sin\theta$$
$$\tan\left(\frac{\pi}{2}+\theta\right)=\frac{y'}{x'}=\frac{x}{-y}=-\frac{x}{y}=-\cot\theta$$

위의 결과를 이용하면 다음을 알 수 있다.

$$\sin\left(\frac{\pi}{2}-\theta\right)=\sin\left\{\frac{\pi}{2}+(-\theta)\right\}=\cos(-\theta)=\cos\theta$$
$$\cos\left(\frac{\pi}{2}-\theta\right)=\cos\left\{\frac{\pi}{2}+(-\theta)\right\}=-\sin(-\theta)=\sin\theta$$
$$\tan\left(\frac{\pi}{2}-\theta\right)=\tan\left\{\frac{\pi}{2}+(-\theta)\right\}=-\cot(-\theta)=\cot\theta$$

## 예 제 6-2-11

다음을 0 에서 $\frac{\pi}{4}$ 까지의 각의 삼각함수로 나타내고, 그 값을 구하여라.

① $\sin\frac{2\pi}{3}$　　② $\cos\frac{3\pi}{4}$　　③ $\tan\frac{2\pi}{3}$

풀이 : ① $\sin\frac{2\pi}{3}=\sin\left(\frac{\pi}{2}+\frac{\pi}{6}\right)=\cos\frac{\pi}{6}=\frac{\sqrt{3}}{2}$

② $\cos\frac{3\pi}{4}=\cos\left(\frac{\pi}{2}+\frac{\pi}{4}\right)=-\sin\frac{\pi}{4}=-\frac{\sqrt{2}}{2}$

③ $\tan\frac{2\pi}{3}=\tan\left(\frac{\pi}{2}+\frac{\pi}{6}\right)=-\cot\frac{\pi}{6}=-\sqrt{3}$

## 문 제 6-2-11

다음을 0 에서 $\frac{\pi}{4}$ 까지의 각의 삼각함수로 나타내어라.

① $\sin\frac{\pi}{3}$　　② $\cos\frac{5\pi}{12}$　　③ $\tan\frac{2\pi}{5}$

### ❾ $(\pi+\theta)$ 의 삼각함수

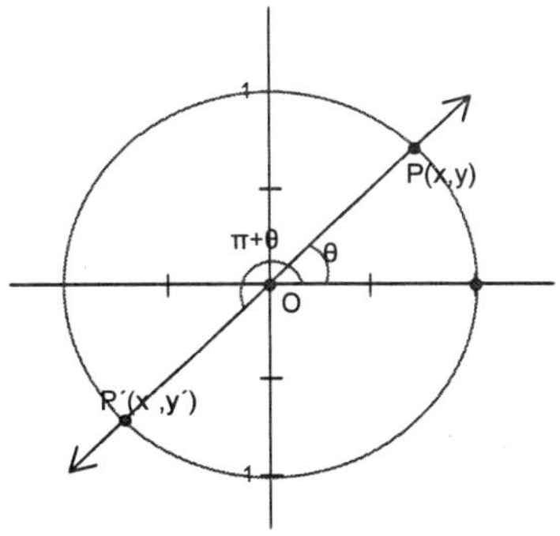


$\theta$ 와 $\pi+\theta$ 가 나타내는 동경과 단위원이 만나는 점을 각각 $P(x,y), P'(x',y')$ 라면 점 $P$ 와 $P'$ 는 원점에 대하여 대칭이므로

$$x'=-x\ ,\ y'=-y$$

따라서 삼각함수의 정의에 의하여

$$\sin(\pi+\theta)=y'=-y=-\sin\theta$$
$$\cos(\pi+\theta)=x'=-x=-\cos\theta$$
$$\tan(\pi+\theta)=\frac{y'}{x'}=\frac{-y}{-x}=\frac{y}{x}=\tan\theta$$

한편,

위의 결과를 이용하면 다음을 알 수 있다.

$$\sin(\pi-\theta)=\sin\{\pi+(-\theta)\}=-\sin(-\theta)=\sin\theta$$
$$\cos(\pi-\theta)=\cos\{\pi+(-\theta)\}=-\cos(-\theta)=-\cos\theta$$
$$\tan(\pi-\theta)=\tan\{\pi+(-\theta)\}=\tan(-\theta)=-\tan\theta$$

## 예제 6-2-12

다음 삼각함수의 값을 구하여라.

① $\sin\frac{7\pi}{6}$  ② $\cos\frac{5\pi}{4}$  ③ $\tan\frac{4\pi}{3}$

풀이 : ① $\sin\frac{7\pi}{6}=\sin(\pi+\frac{\pi}{6})=-\sin\frac{\pi}{6}=-\frac{1}{2}$

② $\cos\frac{5\pi}{4}=\cos(\pi+\frac{\pi}{4})=-\cos\frac{\pi}{4}=-\frac{\sqrt{2}}{2}$

③ $\tan\frac{4\pi}{3}=\tan(\pi+\frac{\pi}{3})=\tan\frac{\pi}{3}=\sqrt{3}$

## 문제 6-2-12

다음 삼각함수의 값을 구하여라.

① $\csc\frac{5\pi}{6}$　　② $\sec\frac{3\pi}{4}$　　③ $\cot\frac{5\pi}{6}$

**■ $\frac{\pi}{2}\times n\pm\theta$ (단, $n$은 정수) 의 삼각함수의 공식 기억하기**

위에서 공부한 삼각함수 공식들에서 각을 $\frac{\pi}{2}\times n\pm\theta$ (단, $n$은 정수) 꼴로 고칠 수 있다면

(ㄱ) ⓐ $n$이 짝수이면

sin→sin, cos→cos, tan→tan 로 그대로 두고

ⓑ $n$이 홀수이면

sin→cos, cos→sin, tan→cot 으로 바꾸고

(ㄴ) $\theta$를 항상 예각으로 간주하고($\theta$가 예각이 아니라도) $\frac{\pi}{2}\times n\pm\theta$ 가 나타내는 동경을 그린다. 이 때 동경이 몇 사분면에 있는가를 따져서 그 사분면의 삼각함수의 부호가 양이면 + 를, 음이면 − 를 앞에 붙인다.

## 예제 6-2-13

위에 진술한 방법대로 다음을 $\theta$의 삼각함수로 나타내어라.

① $\sin(\pi-\theta)$　　② $\cos\left(\frac{\pi}{2}+\theta\right)$　　③ $\tan(\pi+\theta)$

풀이 : ① $\pi-\theta=\frac{\pi}{2}\times 2-\theta$ 이고, $\theta$를 예각으로 간주하면 $\pi-\theta$ 는 제2사분면의 각이다.

제2사분면에서 사인함수의 부호는 양이므로

$\therefore \sin(\pi-\theta)=\sin\left(\frac{\pi}{2}\times 2-\theta\right)=\sin\theta$

② $\frac{\pi}{2}+\theta=\frac{\pi}{2}\times 1+\theta$ 이고, $\theta$를 예각으로 간주하면 $\frac{\pi}{2}+\theta$는 제2사분면의 각이다.

제2사분면에서 코사인함수의 부호는 음이므로

$$\therefore \cos\left(\frac{\pi}{2}+\theta\right)=\cos\left(\frac{\pi}{2}\times 1+\theta\right)=-\sin\theta$$

③ $\pi+\theta=\frac{\pi}{2}\times 2+\theta$ 이고, $\theta$를 예각으로 간주하면 $\pi+\theta$는 제3사분면의 각이다.

제3사분면에서 코탄젠트함수의 부호는 양이므로

$$\therefore \tan(\pi+\theta)=\tan\left(\frac{\pi}{2}\times 2+\theta\right)=\tan\theta$$

## 문제 6-2-13

다음 각을 $90^\circ\times n+\theta$ ($n$은 정수) 꼴로 고쳐서 다음 값을 구하여라.

$$\cos(-1770^\circ)\tan 1470^\circ+\sin(-1560^\circ)\cot 495^\circ$$

## 연습문제

1. 다음에서 60분법은 호도법으로, 호도법은 60분법으로 나타내어라.

① $120^\circ$ ② $2$

③ $-240^\circ$ ④ $-\frac{7}{6}\pi$

2. 다음 각을 나타내는 시초선과 동경을 그려라.

① $70^\circ$ ② $-100^\circ$

3. 다음 각의 동경을 나타낼 수 있는 양의 최소각을 구하여라.

① $1310^\circ$ ② $-2710^\circ$

4. 원점과 $P(-5, 12)$를 지나는 동경이 나타낼 수 있는 각을 $\theta$라 할 때 $\sin\theta$, $\cos\theta$, $\tan\theta$, $\csc\theta$, $\sec\theta$, $\cot\theta$ 의 값을 구하여라.

5. $\cos\theta\csc\theta < 0$ 일 때 $\theta$는 몇 사분면의 각인가?

6. $\cos\theta = -\frac{3}{5}$ $\left(\text{단}, \frac{\pi}{2} < \theta < \pi\right)$ 일 때 $\sin\theta$의 값을 구하여라.

7. $\tan^2\theta - \sin^2\theta = \tan^2\theta\sin^2\theta$ 가 성립함을 보여라.

8. 다음 삼각함수의 값을 구하여라.

① $\sin\frac{31}{6}\pi$　　② $\cos\left(-\frac{31}{4}\pi\right)$　　③ $\tan\left(-\frac{13}{3}\pi\right)$

9. 다음 식의 값을 구하여라.

① $\cot\left(-\frac{3}{4}\pi\right) - \tan\left(-\frac{3}{4}\pi\right)$

② $\cos^4 70^\circ + \cos^4 20^\circ + 2\sin^2 70^\circ\cos^2 70^\circ$

## 6-3 삼각함수의 그래프

**❶ $y = \sin x$의 그래프**

좌표평면 위에 원점을 중심으로 하는 단위원과 각 $\theta$의 동경과의 교점을 $P(a,b)$라 하면 삼각함수의 정의에 의하여

$$\sin\theta = b$$

이다. 즉, $\sin\theta$의 값은 점 $P$의 $y$좌표와 같으므로 $y$좌표의 변화를 이용하여 $y = \sin\theta$의 그래프를 그리면 다음과 같다.

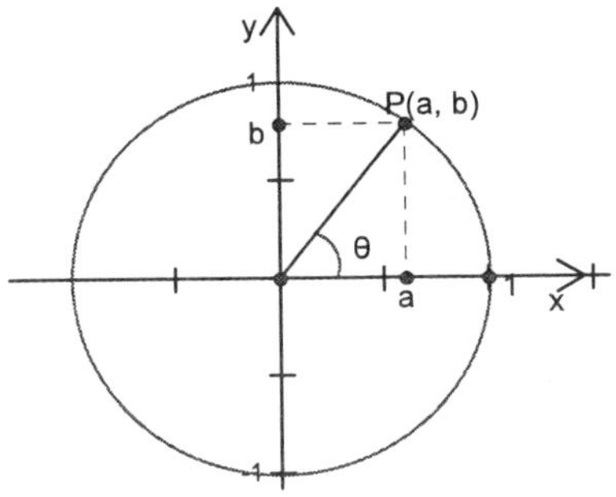

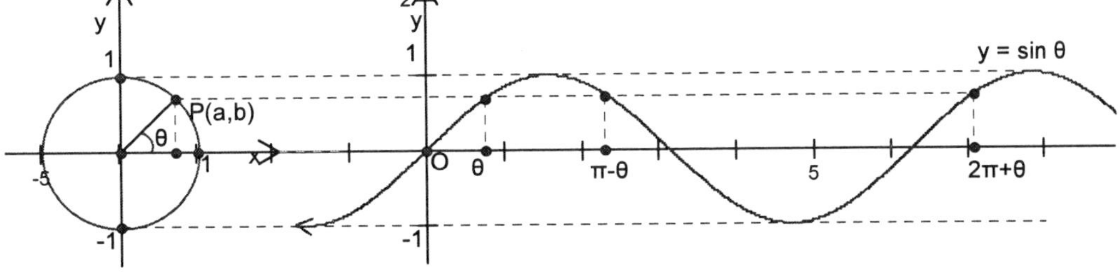


위의 그래프에서 알 수 있듯이 함수 $y=\sin\theta$의 정의역은 모든 실수의 집합이고, 치역은 $\{y|-1\le y\le 1\}$ 이다. 또한, 함수 $y=\sin\theta$의 그래프는 $2\pi$ 간격으로 같은 모양이 반복됨을 알 수 있다. 즉, $\sin(2n\pi+\theta)=\sin\theta$ ($n$은 정수)가 성립한다.

일반적으로 함수 $y=f(x)$ 의 정의역에 속하는 모든 $x$에 대하여

$$f(x+p)=f(x)$$

를 만족하는 0아닌 상수 $p$가 존재할 때 함수 $y=f(x)$를 **주기함수**라 하고, 상수 $p$ 가운데 최소의 양수를 그 함수의 **주기**라 한다.
따라서 $y=\sin\theta$는 주기가 $2\pi$인 주기함수이다.
한편, $\sin(-\theta)=-\sin\theta$ 이므로 $y=\sin\theta$의 그래프는 원점에 대하여 대칭이다.

이상에서 변수 $\theta$를 $x$로 바꾸어 정리하면 다음과 같다.

**[정리 6-2] $y=\sin x$의 그래프 성질**

(1) 정의역은 실수 전체의 집합이고, 치역은 $\{y|-1\le y\le 1\}$ 이다.

(2) 주기가 $2\pi$인 주기함수이다.

(3) $y=\sin x$의 그래프는 원점에 대하여 대칭이다.

## 예제 6-3-1

$y=\sin 2x$의 정의역, 치역, 주기를 구하고 그래프를 그려라.

풀이 : $2x=\theta$ 라 두면 $y=\sin\theta$ 이다.

따라서 정의역은 실수의 집합이고, 치역은 $\{y|-1\leq y\leq 1\}$ 이다.

한편, $f(x)=\sin 2x$ 주기를 $p$ 라면 $f(x+p)=f(x)$ 에서 $\sin 2(x+p)=\sin 2x$

즉, $\sin(\theta+2p)=\sin\theta$

$\sin\theta$ 의 주기는 $2\pi$ 이므로 $2p=2\pi$ $\therefore p=\pi$

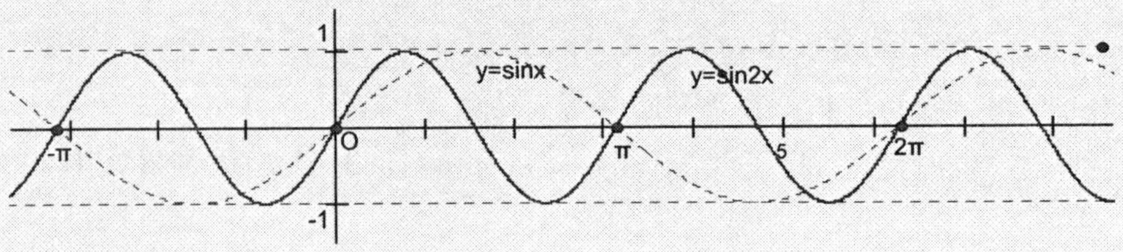


위 예제에서와 같은 방법으로 하면 $y=\sin kx\ (k\neq 0)$ 의 주기는 $\dfrac{2\pi}{|k|}$ 임을 알 수 있다.

**문제 6-3-1** $y=\sin 3x$ 의 정의역, 치역, 주기를 구하고 그래프를 그려라.

**❷ $y=\cos x$ 의 그래프**

좌표평면 위에 원점을 중심으로 하는 단위원과 각 $\theta$ 의 동경과의 교점을 $P(a,b)$ 라 하면 삼각함수의 정의에 의하여

$$\cos\theta=a$$

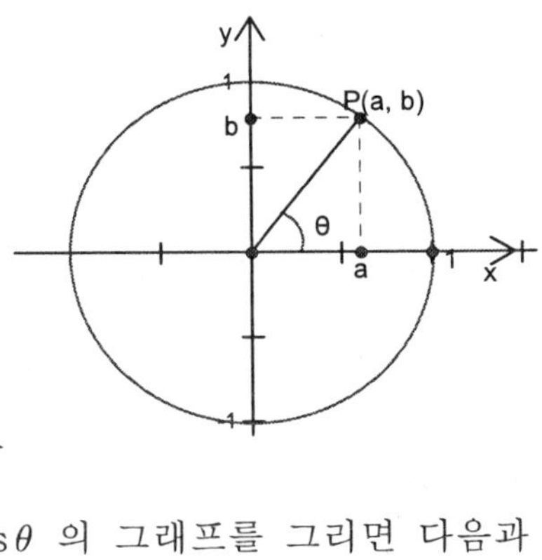


이다. 즉, $\cos\theta$ 의 값은 점 $P$ 의 $x$ 좌표와 같으므로 $x$ 좌표의 변화를 이용하여 $y=\cos\theta$ 의 그래프를 그릴 수 있다. 이 때 단위원과 좌표축을 $\dfrac{\pi}{2}$ 만큼 회전한 다음 $y=\sin\theta$ 의 그래프를 그린 것과 같은 방법으로 $y=\cos\theta$ 의 그래프를 그리면 다음과 같다.

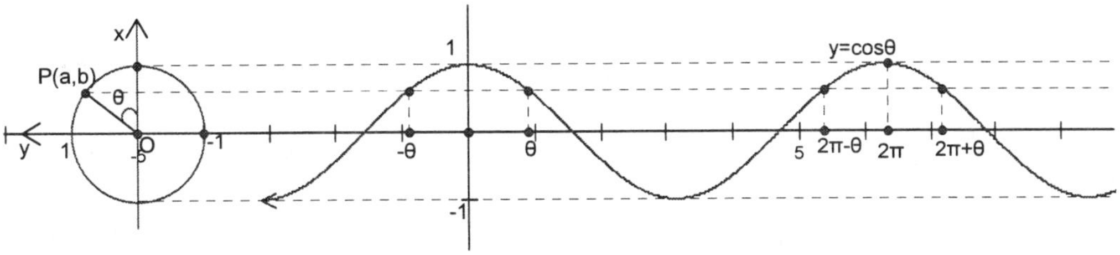


위의 그래프에서 알 수 있듯이 함수 $y=\cos\theta$의 정의역은 모든 실수의 집합이고, 치역은$\{y|-1\le y\le 1\}$ 이다. 또한, 함수 $y=\cos\theta$의 그래프는 $2\pi$ 간격으로 같은 모양이 반복하는 주기가 $2\pi$ 인 주기함수이다. 즉,

$$\cos(2n\pi+\theta)=\cos\theta \ (n \text{ 은 정수})$$

한편, $\cos(-\theta)=\cos\theta$ 이므로 $y=\cos\theta$ 의 그래프는 $y$ 축에 대하여 대칭이다.

이상에서 변수 $\theta$를 $x$로 바꾸어 정리하면 다음과 같다.

**[정리 6-3] $y=\cos x$ 의 그래프 성질**

(1) 정의역은 실수 전체의 집합이고, 치역은 $\{y|-1\le y\le 1\}$ 이다.

(2) 주기가 $2\pi$ 인 주기함수이다.

(3) $y=\cos x$ 의 그래프는 $y$ 축에 대하여 대칭이다.

## 예제 6-3-2

$y=\cos 2x$ 의 정의역, 치역, 주기를 구하고 그래프를 그려라.

풀이 : $2x=\theta$ 라 두면 $y=\cos\theta$ 이다.

따라서 정의역은 실수의 집합이고, 치역은 $\{y|-1\le y\le 1\}$ 이다.

한편, $f(x)=\cos 2x$ 주기를 $p$ 라면 $f(x+p)=f(x)$ 에서 $\cos 2(x+p)=\cos 2x$

즉, $\cos(\theta+2p)=\cos\theta$

$\cos\theta$ 의 주기는 $2\pi$ 이므로 $2p=2\pi$ $\therefore p=\pi$

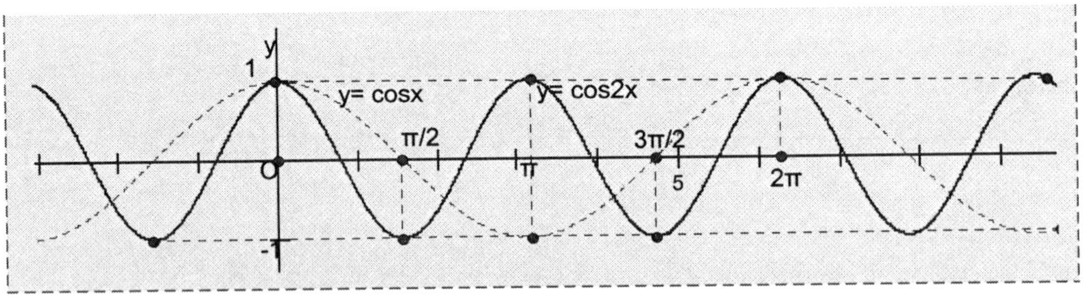


위 예제에서와 같은 방법으로 하면 $y=\cos kx\ (k\neq 0)$ 의 주기는 $\frac{2\pi}{|k|}$ 임을 알 수 있다.

## 문제 6-3-2

$y=\cos\frac{1}{2}x$ 의 정의역, 치역, 주기를 구하고 그래프를 그려라.

[참고] $y=\sin(x+\frac{\pi}{2})=\cos x$ 이므로 $y=\cos x$ 의 그래프는 $y=\sin x$ 의 그래프를 $x$축 방향으로 $-\frac{\pi}{2}$ 만큼 평형이동한 것임을 알 수 있다. 이를 이용하여 $y=\cos x$ 의 그래프를 그리면 다음과 같다.

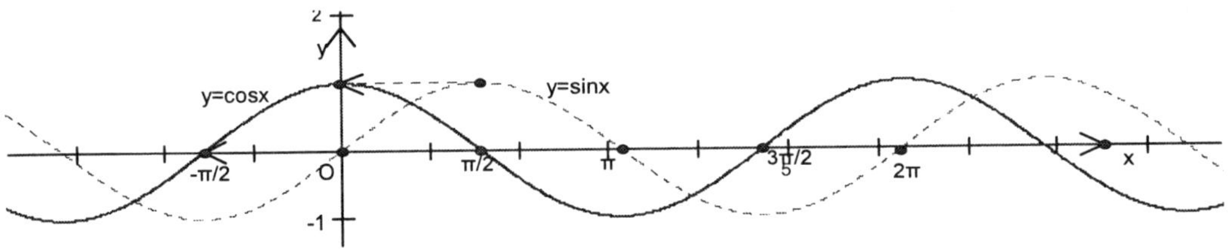


**❸ $y=\tan x$ 의 그래프**

아래쪽 그림과 같이 각 $\theta$를 나타내는 동경이 단위원 $O$와 만나는 점을 $P(a,b)$라 하자. 또, 단위원 위의 점 $A(1,0)$ 에서 그은 접선$l$과 동경 $\overrightarrow{OP}$ 또는 그 연장선과 만나는 점을 $T(1,t)$ 라 하면

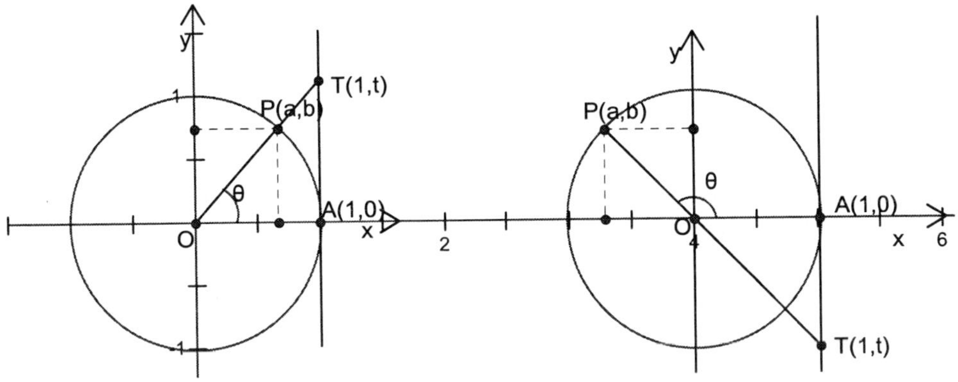


$a : b = 1 : t$ 이므로

$$\tan\theta = \frac{b}{a} = \frac{t}{1} = t$$

이다. 즉, $\tan\theta$ 의 값은 $T$의 $y$좌표와 같으며 이를 이용하여 $y = \tan\theta$ 의 그래프를 그리면 다음과 같다.

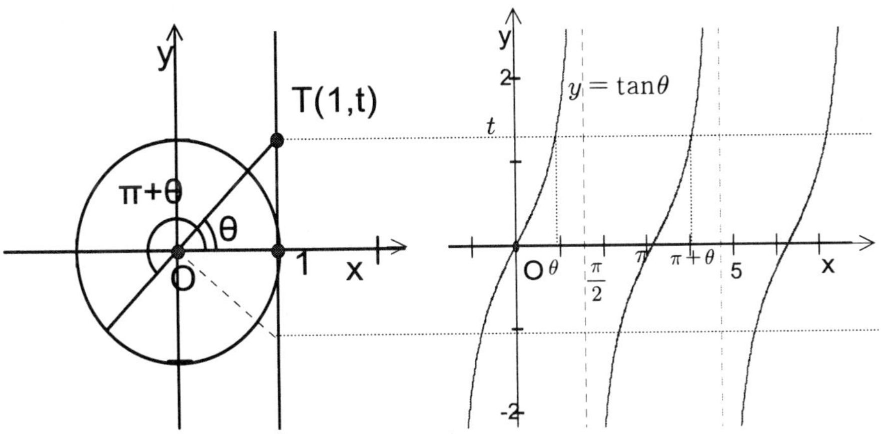


위 그래프에서 직선 $\theta = \frac{\pi}{2}, \theta = -\frac{\pi}{2}$ , $\theta = \frac{3\pi}{2}, \theta = -\frac{3\pi}{2}, \cdots$ 는 $y = \tan\theta$ 의

그래프의 점근선이다.

한편, $y = \tan\theta$ 의 그래프는 $\pi$간격으로 같은 모양을 반복하는 주기가 $\pi$인 주기함수이다. 즉,

$$\tan(n\pi + \theta) = \tan\theta \text{ (단, } n \text{은 정수)}$$

또한, $\tan(-\theta) = -\tan\theta$ 이므로 함수 $y = \tan\theta$ 의 그래프는 원점에 대하여

대칭이다.

이상에서 변수 $\theta$를 $x$로 바꾸어 정리하면 다음과 같다.

**[정리 6-4] $y = \tan x$ 의 그래프 성질**

(1) 정의역은 $n\pi + \frac{\pi}{2}$ ($n$ 은 정수) 를 제외한 실수 전체의 집합이고, 치역은 실수 전체의 집합이다.

(2) 주기가 $\pi$ 인 주기함수이다.

(3) 그래프는 원점에 대하여 대칭이다.

(4) 점근선은 $x = n\pi + \frac{\pi}{2}$ ($n$ 은 정수) 이다.

## 예제 6-3-3

$y = \tan\frac{1}{2}x$ 의 정의역, 치역, 주기를 구하고 그래프를 그려라.

풀이 : 주어진 함수의 정의역은 $\frac{1}{2}x \neq n\pi + \frac{\pi}{2}$ ($n$ 은 정수) 인 모든 실수, 즉

$2n\pi + \pi$ ($n$ 은 정수)를 제외한 모든 실수이고, 치역은 모든 실수이다.

점근선은 $x = 2n\pi + \pi$ ($n$ 은 정수)이다.

또한, 주기를 $p$ 라면 $\tan\frac{1}{2}(x+p) = \tan\frac{1}{2}x$ 이다. 여기서 $\frac{1}{2}x = \theta$ 라 두면

$$\tan(\theta + \frac{1}{2}p) = \tan\theta$$

$y = \tan\theta$ 는 주기가 $\pi$ 인 주기함수이므로

$$\frac{1}{2}p = \pi \qquad \therefore p = 2\pi$$

따라서 $y = \tan\frac{1}{2}x$ 의 그래프는 $y = \tan x$ 의 그래프를 좌우로 확대한 것이다.

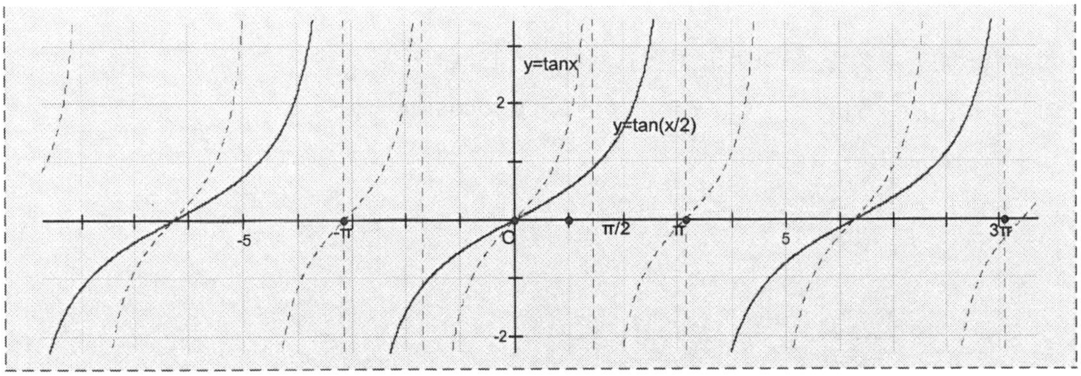


위 예제에서와 같은 방법으로 하면 $y = \tan kx$ $(k \neq 0)$ 의 주기는 $\frac{\pi}{|k|}$ 임을 알 수 있다.

## 문 제 6-3-3

$y = \tan 2x$ 의 정의역, 치역, 주기를 구하고 그래프를 그려라.

## 연습문제

1. 다음 함수의 정의역, 치역, 주기를 구하고 그래프를 그려라. 또, 최댓값과 최솟값을 구하여라.

① $y = \sin\frac{1}{2}x$ ② $y = 2\sin(2x + \pi)$

③ $y = 2\cos 3x$ ④ $y = \cos(2x + \frac{\pi}{2})$

2. 다음 함수의 정의역, 치역, 주기를 구하고 그래프를 그려라.

① $y = \tan 3x$ ② $y = 2\tan(2x + \frac{\pi}{2})$

3. 다음 함수의 주기를 구하여라.(단, $a(\neq 0), b$ 는 상수 )

① $y=\sin(ax+b)$　　　② $y=\cos(ax+b)$

③ $y=\tan(ax+b)$

## 6-4 삼각함수의 덧셈정리

### ❶ 삼각함수의 덧셈정리

오른쪽 그림과 같이 좌표평면에서 중심이 원점인 단위원과 각의 크기가 각각 0, $\alpha$, $\alpha+\beta$, $-\beta$ 인 동경의 교점을 차례로 A, B, C, D 라 하면 삼각함수의 정의에 의하여

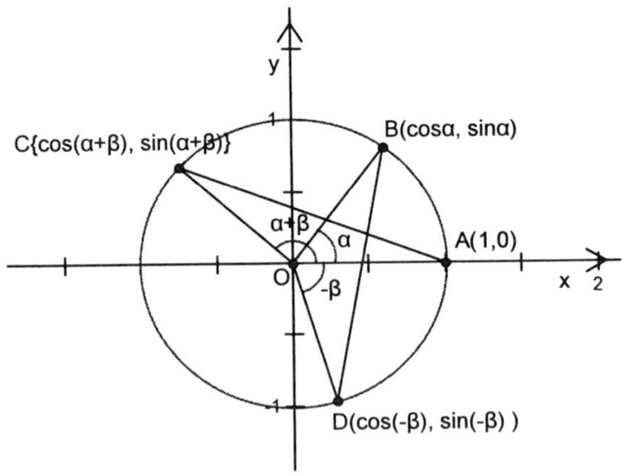


$\mathrm{A}(1,0)$,
$\mathrm{B}(\cos\alpha, \sin\alpha)$,
$\mathrm{C}(\cos(\alpha+\beta), \sin(\alpha+\beta))$,

$\mathrm{D}(\cos(-\beta), \sin(-\beta)) = \mathrm{D}(\cos\beta, -\sin\beta)$
이다.

이때, $(\overline{AC})^2 = (\overline{BD})^2$ 이고,

$(\overline{AC})^2 = \{\cos(\alpha+\beta)-1\}^2 + \{\sin(\alpha+\beta)-0\}^2$

$= \cos^2(\alpha+\beta) - 2\cos(\alpha+\beta) + 1 + \sin^2(\alpha+\beta)$

$= 2 - 2\cos(\alpha+\beta)$ ............................................................ ①

$(\overline{BD})^2 = \{\cos\alpha - \cos\beta\}^2 + \{\sin\alpha - (-\sin\beta)\}^2$

$= \cos^2\alpha - 2\cos\alpha\cos\beta + \cos^2\beta + \sin^2\alpha + 2\sin\alpha\sin\beta + \sin^2\beta$

$$= 2-2(\cos\alpha\cos\beta - \sin\alpha\sin\beta) \quad \cdots\cdots ②$$

이므로 ①과 ②로부터 다음 등식을 얻는다.

$$\cos(\alpha+\beta) = \cos\alpha\cos\beta - \sin\alpha\sin\beta \quad \cdots\cdots ③$$

위의 ③을 이용하면

$$\cos(\alpha-\beta) = \cos\{\alpha+(-\beta)\} = \cos\alpha\cos(-\beta) - \sin\alpha\sin(-\beta)$$
$$= \cos\alpha\cos\beta + \sin\alpha\sin\beta \quad \cdots\cdots ④$$

위의 ③, ④를 **코사인의 덧셈정리**라고 한다.

## 예제 6-4-1

다음 값을 구하여라.

① $\cos 75^\circ$ ② $\cos 15^\circ$

풀이 : ① $\cos 75^\circ = \cos(45^\circ + 30^\circ)$
$= \cos 45^\circ \cos 30^\circ - \sin 45^\circ \sin 30^\circ$
$= \dfrac{\sqrt{2}}{2} \times \dfrac{\sqrt{3}}{2} - \dfrac{\sqrt{2}}{2} \times \dfrac{1}{2}$
$= \dfrac{\sqrt{6}-\sqrt{2}}{4}$

② $\cos 15^\circ = \cos(45^\circ - 30^\circ)$
$= \cos 45^\circ \cos 30^\circ + \sin 45^\circ \sin 30^\circ$
$= \dfrac{\sqrt{2}}{2} \times \dfrac{\sqrt{3}}{2} + \dfrac{\sqrt{2}}{2} \times \dfrac{1}{2}$
$= \dfrac{\sqrt{6}+\sqrt{2}}{4}$

## 문제 6-4-1

다음 물음에 답하여라.

① $\cos 105^\circ$ 의 값

② 코사인의 덧셈정리를 이용하여 $\cos 0 = 1$ 임을 보여라.

한편, $\sin\theta = -\cos(\frac{\pi}{2}+\theta)$ 이므로 $\theta$ 대신에 $\alpha+\beta$ 를 대입한 후, 위의 ③을 적용하고,

등식 $\cos(\frac{\pi}{2}+\alpha) = -\sin\alpha$, $\sin(\frac{\pi}{2}+\alpha) = \cos\alpha$ 이용하면

$$\begin{aligned}\sin(\alpha+\beta) &= -\cos\left\{\frac{\pi}{2}+(\alpha+\beta)\right\}\\ &= -\cos\left\{\left(\frac{\pi}{2}+\alpha\right)+\beta\right\}\\ &= -\cos\left(\frac{\pi}{2}+\alpha\right)\cos\beta+\sin\left(\frac{\pi}{2}+\alpha\right)\sin\beta\\ &= \sin\alpha\cos\beta+\cos\alpha\sin\beta \quad \cdots\cdots ⑤\end{aligned}$$

위의 ⑤를 이용하면

$$\begin{aligned}\sin(\alpha-\beta) &= \sin\{\alpha+(-\beta)\} = \sin\alpha\cos(-\beta)+\cos\alpha\sin(-\beta)\\ &= \sin\alpha\cos\beta-\cos\alpha\sin\beta \quad \cdots\cdots ⑥\end{aligned}$$

위의 ⑤, ⑥ 을 **사인의 덧셈정리**라고 한다.

## 예제 6-4-2

다음 값을 구하여라.

① $\sin 75^\circ$　　　② $\sin 15^\circ$

풀이 : ① $\sin 75^\circ = \sin(45^\circ+30^\circ)$

$$\begin{aligned}&= \sin 45^\circ\cos 30^\circ+\cos 45^\circ\sin 30^\circ\\ &= \frac{\sqrt{2}}{2}\times\frac{\sqrt{3}}{2}+\frac{\sqrt{2}}{2}\times\frac{1}{2}\\ &= \frac{\sqrt{6}+\sqrt{2}}{4}\end{aligned}$$

$$\begin{aligned} ② \sin 15^\circ &= \sin(45^\circ - 30^\circ) \\ &= \sin 45^\circ \cos 30^\circ - \cos 45^\circ \sin 30^\circ \\ &= \frac{\sqrt{2}}{2} \times \frac{\sqrt{3}}{2} - \frac{\sqrt{2}}{2} \times \frac{1}{2} \\ &= \frac{\sqrt{6} - \sqrt{2}}{4} \end{aligned}$$

## 문제 6-4-2

다음 물음에 답하여라.

① $\sin 105^\circ$ 의 값

② 사인의 덧셈정리를 이용하여 $\sin 0 = 0$ 임을 보여라.

또한, 사인, 코사인의 덧셈정리로부터 탄젠트에 대한 다음 등식을 얻는다.

$$\tan(\alpha+\beta) = \frac{\sin(\alpha+\beta)}{\cos(\alpha+\beta)} = \frac{\sin\alpha\cos\beta + \cos\alpha\sin\beta}{\cos\alpha\cos\beta - \sin\alpha\sin\beta}$$

여기서 우변의 분자와 분모를 각각 $\cos\alpha\cos\beta\,(\neq 0)$ 으로 나누면

$$\begin{aligned} \tan(\alpha+\beta) &= \frac{\dfrac{\sin\alpha}{\cos\alpha} + \dfrac{\sin\beta}{\cos\beta}}{1 - \dfrac{\sin\alpha}{\cos\alpha}\dfrac{\sin\beta}{\cos\beta}} \\ &= \frac{\tan\alpha + \tan\beta}{1 - \tan\alpha\tan\beta} \quad \cdots\cdots ⑦ \end{aligned}$$

위의 ⑦을 이용하면

$$\begin{aligned} \tan(\alpha-\beta) = \tan\{\alpha + (-\beta)\} &= \frac{\tan\alpha + \tan(-\beta)}{1 - \tan\alpha\tan(-\beta)} \\ &= \frac{\tan\alpha - \tan\beta}{1 + \tan\alpha\tan\beta} \quad \cdots\cdots ⑧ \end{aligned}$$

위의 ⑦, ⑧을 **탄젠트의 덧셈정리**라고 한다.

## 예제 6-4-3

다음 값을 구하여라.

① $\tan 75°$ ② $\tan 15°$

풀이 : ① $\tan 75° = \tan(45° + 30°)$

$$= \frac{\tan 45° + \tan 30°}{1 - \tan 45° \tan 30°}$$

$$= \frac{1 + \frac{1}{\sqrt{3}}}{1 - 1 \times \frac{1}{\sqrt{3}}} = \frac{\sqrt{3}+1}{\sqrt{3}-1} = \frac{\sqrt{3}+1}{\sqrt{3}-1} \times \frac{\sqrt{3}+1}{\sqrt{3}+1}$$

$$= \frac{4 + 2\sqrt{3}}{2}$$

$$= 2 + \sqrt{3}$$

② $\tan 15° = \tan(45° - 30°)$

$$= \frac{\tan 45° - \tan 30°}{1 + \tan 45° \tan 30°}$$

$$= \frac{1 - \frac{1}{\sqrt{3}}}{1 + 1 \times \frac{1}{\sqrt{3}}} = \frac{\sqrt{3}-1}{\sqrt{3}+1} = \frac{\sqrt{3}-1}{\sqrt{3}+1} \times \frac{\sqrt{3}-1}{\sqrt{3}-1}$$

$$= \frac{4 - 2\sqrt{3}}{2}$$

$$= 2 - \sqrt{3}$$

## 문제 6-4-3

다음 물음에 답하여라.

① $\tan 105°$ 의 값

② 탄젠트의 덧셈정리를 이용하여 $\tan 0 = 0$ 임을 보여라.

이상을 정리하면 다음 삼각함수의 덧셈정리를 얻는다.

**[정리 6-5] 삼각함수의 덧셈정리**

(1) $\sin(\alpha \pm \beta) = \sin\alpha\cos\beta \pm \cos\alpha\sin\beta$

(2) $\cos(\alpha \pm \beta) = \cos\alpha\cos\beta \mp \sin\alpha\sin\beta$

(3) $\tan(\alpha \pm \beta) = \dfrac{\tan\alpha \pm \tan\beta}{1 \mp \tan\alpha\tan\beta}$

삼각함수의 덧셈정리를 이용하면 다음을 알 수 있다.

$$\sin 2\alpha = \sin(\alpha + \alpha) = \sin\alpha\cos\alpha + \cos\alpha\sin\alpha = 2\sin\alpha\cos\alpha$$

$$\cos 2\alpha = \cos(\alpha + \alpha) = \cos\alpha\cos\alpha - \sin\alpha\sin\alpha = \cos^2\alpha - \sin^2\alpha$$

$$\tan 2\alpha = \tan(\alpha + \alpha) = \frac{\tan\alpha + \tan\alpha}{1 - \tan\alpha \cdot \tan\alpha} = \frac{2\tan\alpha}{1 - \tan^2\alpha}$$

특히 $\sin^2\alpha + \cos^2\alpha = 1$ 을 이용하면 $\cos 2\alpha$ 는 다음과 같이 나타낼 수 도 있다.

$$\cos 2\alpha = \cos^2\alpha - \sin^2\alpha = \cos^2\alpha - (1 - \cos^2\alpha) = 2\cos^2\alpha - 1$$

$$\cos 2\alpha = \cos^2\alpha - \sin^2\alpha = (1 - \sin^2\alpha) - \sin^2\alpha = 1 - 2\sin^2\alpha$$

위의 등식들을 정리하면 다음 배각의 공식을 얻는다.

**[정리 6-6] 배각의 공식**

(1) $\sin 2\alpha = 2\sin\alpha\cos\alpha$

(2) $\cos 2\alpha = \cos^2\alpha - \sin^2\alpha = 1 - 2\sin^2\alpha = 2\cos^2\alpha - 1$

(3) $\tan 2\alpha = \dfrac{2\tan\alpha}{1 - \tan^2\alpha}$

## 예제 6-4-4

$\sin\alpha = \dfrac{1}{4}$ 일 때 다음 값을 구하여라.(단, $\dfrac{\pi}{2} < \alpha < \pi$)

① $\sin 2\alpha$ ② $\cos 2\alpha$

풀이: $\alpha$가 제2사분면의 각이므로 $\cos\alpha > 0$ 이다. 따라서

$$\cos\alpha = -\sqrt{1-\sin^2\alpha} = -\sqrt{1-\left(\frac{1}{4}\right)^2} = -\frac{\sqrt{15}}{4}$$

① $\sin 2\alpha = 2\sin\alpha\cos\alpha = 2 \cdot \frac{1}{4} \cdot \left(-\frac{\sqrt{15}}{4}\right) = -\frac{\sqrt{15}}{8}$

② $\cos 2\alpha = 1 - 2\sin^2\alpha = 1 - 2 \cdot \left(\frac{1}{4}\right)^2 = \frac{7}{8}$

## 문 제 6-4-4

$\sin\alpha = -\frac{4}{5}$ 일 때 다음 값을 구하여라.(단, $\pi < \alpha < \frac{3\pi}{2}$ )

① $\sin 2\alpha$　　② $\cos 2\alpha$　　③ $\tan 2\alpha$

배각의 공식 $\cos 2\alpha = 1 - 2\sin^2\alpha = 2\cos^2\alpha - 1$ 에서

$$\sin^2\alpha = \frac{1-\cos 2\alpha}{2}$$

$$\cos^2\alpha = \frac{1+\cos 2\alpha}{2}$$

또한,

$$\tan^2\alpha = \frac{\sin^2\alpha}{\cos^2\alpha} = \frac{\frac{1-\cos 2\alpha}{2}}{\frac{1+\cos 2\alpha}{2}} = \frac{1-\cos 2\alpha}{1+\cos 2\alpha}$$

위의 등식에서 $\alpha$ 대신에 $\frac{\alpha}{2}$ 를 대입하면 다음 반각의 공식을 얻는다.

**[정리 6-7] 반각의 공식**

① $\sin^2\frac{\alpha}{2} = \frac{1-\cos\alpha}{2}$

② $\cos^2\frac{\alpha}{2} = \frac{1+\cos\alpha}{2}$

③ $\tan^2\frac{\alpha}{2} = \frac{1-\cos\alpha}{1+\cos\alpha}$

## 예제 6-4-5

① $\sin^2 67.5^\circ = \dfrac{1-\cos 135^\circ}{2} = \dfrac{1-\left(-\dfrac{\sqrt{2}}{2}\right)}{2} = \dfrac{2+\sqrt{2}}{4}$ 이고,

$\sin 67.5^\circ > 0$ 이므로

$\sin 67.5^\circ = \dfrac{\sqrt{2+\sqrt{2}}}{2}$

② $\cos^2 67.5^\circ = \dfrac{1+\cos 135^\circ}{2} = \dfrac{1-\dfrac{\sqrt{2}}{2}}{2} = \dfrac{2-\sqrt{2}}{4}$ 이고,

$\cos 67.5^\circ > 0$ 이므로

$\cos 67.5^\circ = \dfrac{\sqrt{2-\sqrt{2}}}{2}$

## 문제 6-4-5

다음 값을 구하여라.

① $\sin 22.5^\circ$  ② $\cos 22.5^\circ$  ③ $\tan 22.5^\circ$

### ❷ 삼각함수의 합성

$a$와 $b$가 동시에 0이 아닌 경우에 삼각함수의 덧셈정리를 이용하여 $a\sin\theta + b\cos\theta$를

$$r\sin(\theta+\alpha)\ (r>0) \quad \text{또는} \quad r\cos(\theta-\beta)\ (r>0)$$

꼴로 나타내는 것을 **삼각함수의 합성**이라고 한다.

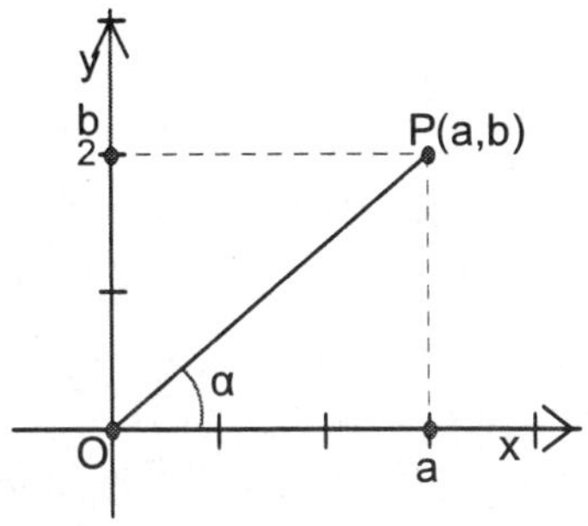


(ㄱ) 오른쪽 그림과 같이 좌표평면 위에 점 $P(a,b)$를 잡으면 $\overline{OP} = \sqrt{a^2+b^2}$ 이다.

또, $x$축의 양의 방향을 시초선으로 할 때, 동경 $\overrightarrow{OP}$를 나타낼 수 있는 각을 $\alpha$라 하면 삼각함수의

정의에 의하여

$$\cos\alpha = \frac{a}{\sqrt{a^2+b^2}},\ \sin\alpha = \frac{b}{\sqrt{a^2+b^2}}$$

이다.

따라서

$$\begin{aligned} a\sin\theta + b\cos\theta &= \sqrt{a^2+b^2}\left\{\frac{a}{\sqrt{a^2+b^2}}\sin\theta + \frac{b}{\sqrt{a^2+b^2}}\cos\theta\right\} \\ &= \sqrt{a^2+b^2}\,(\sin\theta\cos\alpha + \cos\theta\sin\alpha) \\ &= \sqrt{a^2+b^2}\,\sin(\theta+\alpha) \end{aligned}$$

(ㄴ) 오른쪽 그림과 같이 좌표평면 위에 점 $Q(b,a)$ 를 잡으면 $\overline{OQ} = \sqrt{a^2+b^2}$ 이다.

또, $x$ 축의 양의 방향을 시초선으로 할 때, 동경 $\overrightarrow{OQ}$ 를 나타낼 수 있는 각을 $\beta$라 하면 삼각함수의 정의에 의하여

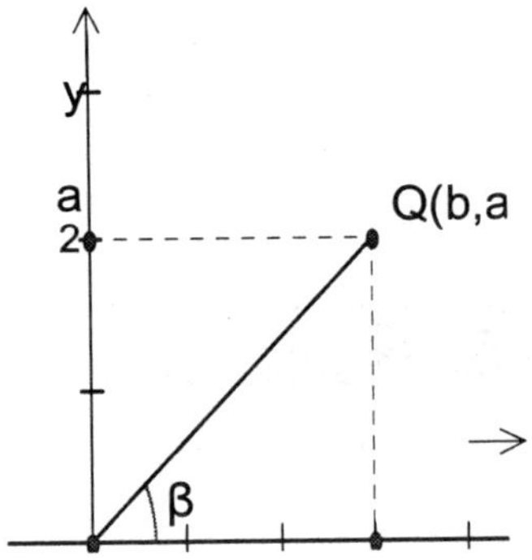


$$\cos\beta = \frac{b}{\sqrt{a^2+b^2}},\ \sin\beta = \frac{a}{\sqrt{a^2+b^2}}$$

이다.

따라서

$$\begin{aligned} a\sin\theta + b\cos\theta &= \sqrt{a^2+b^2}\left\{\frac{a}{\sqrt{a^2+b^2}}\sin\theta + \frac{b}{\sqrt{a^2+b^2}}\cos\theta\right\} \\ &= \sqrt{a^2+b^2}\,(\sin\theta\sin\beta + \cos\theta\cos\beta) \\ &= \sqrt{a^2+b^2}\,(\cos\theta\cos\beta + \sin\theta\sin\beta) \\ &= \sqrt{a^2+b^2}\,\cos(\theta-\beta) \end{aligned}$$

이상을 정리하면 다음과 같다.

**[정리 6-8] 삼각함수의 합성**

(1) $a\sin\theta + b\cos\theta = \sqrt{a^2+b^2}\sin(\theta+\alpha)$

(단, $\cos\alpha = \dfrac{a}{\sqrt{a^2+b^2}}$, $\sin\alpha = \dfrac{b}{\sqrt{a^2+b^2}}$ )

(2) $a\sin\theta + b\cos\theta = \sqrt{a^2+b^2}\cos(\theta-\beta)$

(단, $\cos\beta = \dfrac{b}{\sqrt{a^2+b^2}}$, $\sin\beta = \dfrac{a}{\sqrt{a^2+b^2}}$ )

## 예 제 6-4-6

다음 물음에 답하여라.

① $\sin\theta + \sqrt{3}\cos\theta$ 을 $r\sin(\theta+\alpha)\ (r>0)$ 꼴로 나타내어라.

② $\sqrt{3}\sin\theta - \cos\theta$ 을 $r\cos(\theta-\beta)\ (r>0)$ 꼴로 나타내어라.

풀이 : ① 좌표평면 위에 점 $P(1, \sqrt{3})$ 을 잡으면

$$\overline{OP} = \sqrt{1^2+(\sqrt{3})^2} = \sqrt{4} = 2$$

이고, $\cos\dfrac{\pi}{3} = \dfrac{1}{2}$, $\sin\dfrac{\pi}{3} = \dfrac{\sqrt{3}}{2}$ 이므로

$\alpha = \dfrac{\pi}{3}$ 은 동경 $\overrightarrow{OP}$ 를 나타낼 수 있는 각이다.

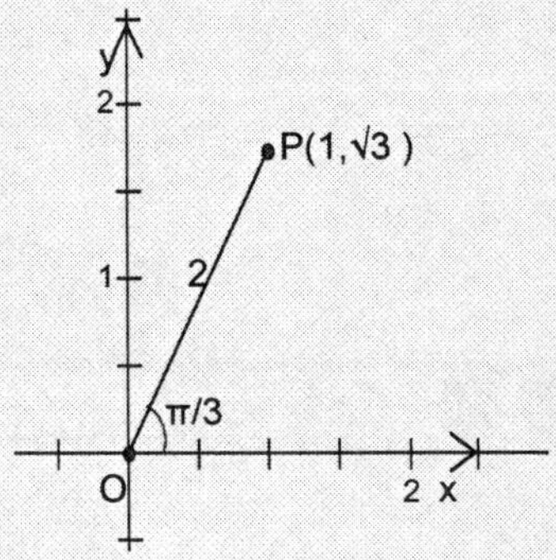


$$\therefore \sin\theta + \sqrt{3}\cos\theta = 2\left(\frac{1}{2}\sin\theta + \frac{\sqrt{3}}{2}\cos\theta\right)$$
$$= 2\left(\sin\theta\cos\frac{\pi}{3} + \cos\theta\sin\frac{\pi}{3}\right)$$
$$= 2\sin\left(\theta+\frac{\pi}{3}\right)$$

$$\therefore \sin\theta + \sqrt{3}\cos\theta = 2\sin\left(\theta+\frac{\pi}{3}\right)$$

② 좌표평면 위에 점 $Q(-1, \sqrt{3})$ 을 잡으면

$$\overline{OQ} = \sqrt{(-1)^2+(\sqrt{3})^2} = \sqrt{4} = 2$$

이고, $\cos\frac{2\pi}{3} = -\frac{1}{2}$, $\sin\frac{2\pi}{3} = \frac{\sqrt{3}}{2}$ 이므로

$\beta = \frac{2\pi}{3}$ 은 동경 $\overrightarrow{OQ}$ 를 나타낼 수 있는 각이다.

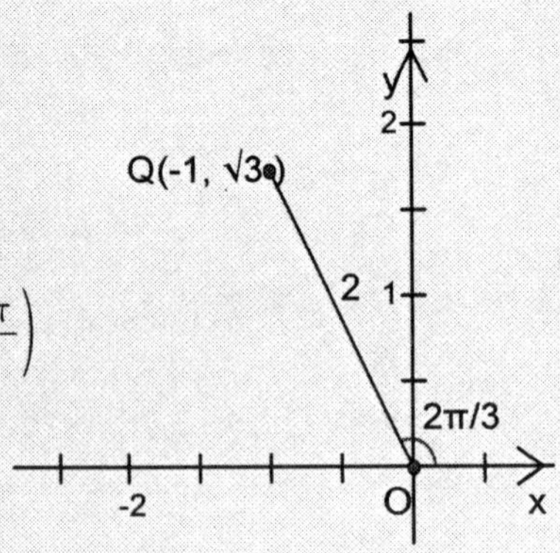


$$\begin{aligned}\therefore\ \sqrt{3}\sin\theta - \cos\theta &= 2\left(\frac{\sqrt{3}}{2}\sin\theta - \frac{1}{2}\cos\theta\right)\\ &= 2\left(\sin\theta\sin\frac{2\pi}{3} + \cos\theta\cos\frac{2\pi}{3}\right)\\ &= 2\cos\left(\theta - \frac{2\pi}{3}\right)\end{aligned}$$

$$\therefore\ \sqrt{3}\sin\theta - \cos\theta = 2\cos\left(\theta - \frac{2\pi}{3}\right)$$

## 문 제 6-4-6

다음 물음에 답하여라.

① $-\sin\theta + \cos\theta$ 을 $r\sin(\theta+\alpha)\ (r>0)$ 꼴로 나타내어라.

② $-\frac{1}{2}\sin\theta - \frac{\sqrt{3}}{2}\cos\theta$ 을 $r\cos(\theta-\beta)\ (r>0)$ 꼴로 나타내어라.

삼각함수의 합성을 이용하면 함수 $y = a\sin x + b\cos x$ 의 최댓값, 최솟값, 주기 등을 구할 수 있다.

## 예 제 6-4-7

함수 $y = \sin x - \sqrt{3}\cos x$ 의 최댓값, 최솟값, 주기를 구하고, 그 그래프를 그려라.

풀이 : 좌표평면 위에 점 $P(1, -\sqrt{3})$ 을 잡으면

$$\overline{OP} = \sqrt{1^2 + (-\sqrt{3})^2} = \sqrt{4} = 2$$

이고, $\cos(-\frac{\pi}{3}) = \frac{1}{2}$, $\sin(-\frac{\pi}{3}) = -\frac{\sqrt{3}}{2}$ 이므로

$\alpha = -\dfrac{\pi}{3}$ 은 동경 $\overrightarrow{OP}$ 를 나타낼 수 있는 각이다.

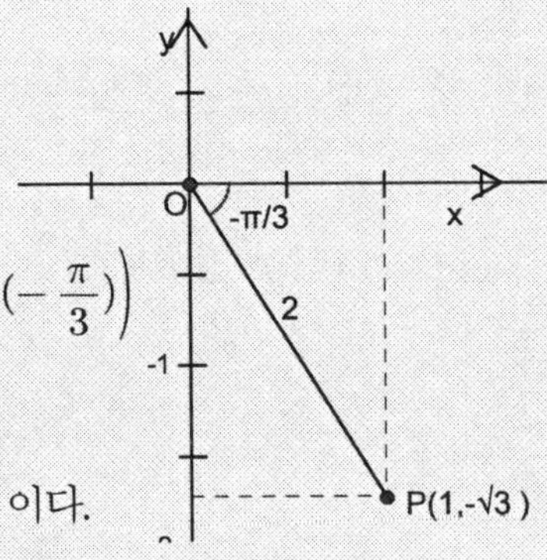


$$\therefore\ y = \sin x - \sqrt{3}\cos x = 2\left(\frac{1}{2}\sin x - \frac{\sqrt{3}}{2}\cos x\right)$$
$$= 2\left(\sin x \cos\left(-\frac{\pi}{3}\right) + \cos x \sin\left(-\frac{\pi}{3}\right)\right)$$
$$= 2\sin\left(x - \frac{\pi}{3}\right)$$

따라서 최댓값과 최솟값은 각각 $2, -2$ 이고, 주기는 $2\pi$ 이다.

한편, $y = 2\sin\left(x - \dfrac{\pi}{3}\right)$ 의 그래프는 $y = 2\sin x$ 의 그래프를 $x$축의 방향으로 $\dfrac{\pi}{3}$ 만큼 평행이동한 것으로 다음과 같다.

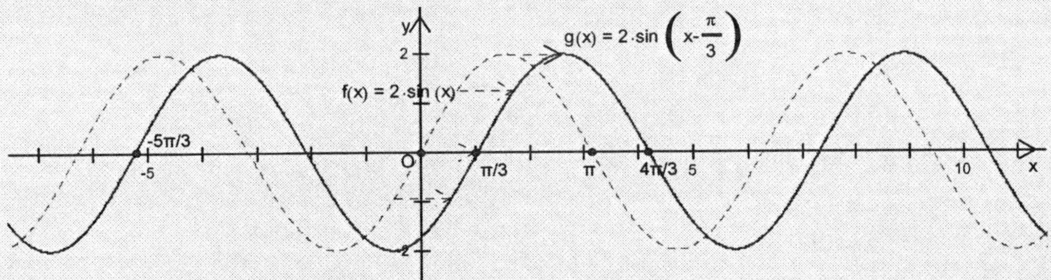


## 문제 6-4-7

다음 함수의 최댓값, 최솟값, 주기를 구하고, 그 그래프를 그려라.

① $y = \sqrt{3}\sin x - \cos x$  ② $y = -3\sin x + 3\cos x$

### ❸ 탄젠트의 덧셈정리의 응용

탄젠트의 덧셈정리를 이용하여 두 직선이 이루는 각을 구할 수 있다.

**[정리 6-9]** 두 직선 $y = mx + a$, $y = m'x + a'$ (단, $mm' \neq -1$ )일 때

두 직선이 이루는 예각의 크기를 $\theta$라면

$$\tan\theta = \left|\frac{m - m'}{1 + mm'}\right|$$

증명: 두 직선 $y=mx+a,\ y=m'x+a'$ 이 $x$축의 양의 방향과 이루는 각을 각각 $\alpha$, $\beta$ 라면 $\tan\alpha=m,\ \tan\beta=m'$ 이므로

$$\tan\theta=|\tan(\alpha-\beta)|=\left|\frac{\tan\alpha-\tan\beta}{1+\tan\alpha\tan\beta}\right|=\left|\frac{m-m'}{1+mm'}\right|$$

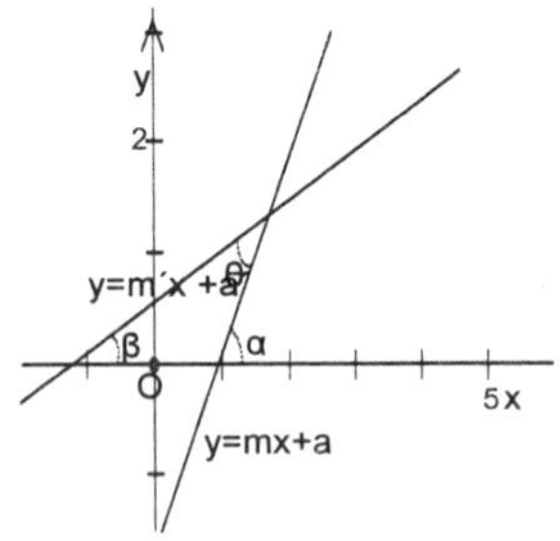


## 예제 6-4-8

두 직선 $y=2x+5,\ y=\frac{1}{3}x-3$ 이 이루는 예각의 크기를 구하여라.

풀이 : 두 직선이 이루는 예각의 크기를 $\theta$라면

$$\tan\theta=\left|\frac{2-\frac{1}{3}}{1+2\times\frac{1}{3}}\right|=1$$

$\therefore\ \theta=45°$

## 문제 6-4-8

다음 두 직선이 이루는 각 중에서 예각의 크기를 구하여라.

① $\begin{cases} y=3x-2 \\ y=-2x+4 \end{cases}$ ② $\begin{cases} y=\sqrt{3}x+1 \\ y=-(2+\sqrt{3})x-5 \end{cases}$

## 연습문제

1. 다음 각 값을 구하여라.

① $\sin 22° \cos 23° + \cos 22° \sin 23°$

② $\cos 100° \cos 80° - \sin 100° \sin 80°$

③ $\dfrac{\tan 29° + \tan 31°}{1 - \tan 29° \tan 31°}$

2. $\sin\alpha = \dfrac{4}{5}$, $\cos\beta = \dfrac{2}{5}$ 일 때 다음을 구하여라.(단, $\alpha, \beta$ 는 모두 제1사분면의 각)

① $\sin(\alpha+\beta)$　② $\cos(\alpha+\beta)$

③ $\tan(\alpha+\beta)$　④ $\sin(\beta-\alpha)$

3. $\tan\alpha = \dfrac{4}{3}$, $\tan\beta = -\dfrac{15}{8}$ 일 때 다음을 구하여라.(단, $0 < \alpha < \dfrac{\pi}{2}$, $\dfrac{\pi}{2} < \beta < \pi$ )

① $\sin(\alpha+\beta)$　② $\cos(\alpha+\beta)$

③ $\tan(\alpha+\beta)$　④ $\cos(\alpha-\beta)$

4. 다음 등식을 증명하여라.

① $\sin(\alpha+\beta)\sin(\alpha-\beta) = \sin^2\alpha - \sin^2\beta = \cos^2\beta - \cos^2\alpha$

② $\cos(\alpha+\beta)\cos(\alpha-\beta) = \cos^2\alpha - \sin^2\beta = \cos^2\beta - \sin^2\alpha$

③ $\tan(x + \dfrac{\pi}{4}) = \dfrac{1+\tan x}{1-\tan x}$

5. $\tan\alpha = \dfrac{1}{3}$, $\tan\beta = \dfrac{1}{4}$, $\tan\gamma = \dfrac{1}{5}$ 일 때 다음 값을 구하여라. (단, $\alpha$ , $\beta$, $\gamma$ 는 모두 예각)

① $\tan(\alpha+\beta)$　② $\tan(\alpha+\beta+\gamma)$

6. 다음 각 식을 $r\sin(x+\alpha)\ (r>0)$ 꼴로 나타내어라.

① $\cos x+\sin x$　　② $-2\cos x$

7. 다음 함수의 최댓값과 최솟값을 각각 구하여라.

① $f(x)=3\cos x+4\sin x$　　② $g(x)=2\cos x-3\sin x$

# 제 7 장 기수법

## 7-1 기수법

수를 나타내는 방법을 **기수법**이라 한다. 예를 들어, 10진법, 2진법, 8진법, 16진법 등은 기수법의 일종이다. 이 중에서 우리가 보통 사용하는 기수법은 10진법인데 그 이유는 알 수 없으나 사람의 손가락이 10개이기 때문인 것으로 추측할 뿐이다.

10진법으로 나타낸 수 324.56는 10의 거듭제곱을 사용하여 다음과 같이 나타낼 수 있다.

$$324.56 = 3\times10^2 + 2\times10^1 + 4\times10^0 + 5\times10^{-1} + 6\times10^{-2}$$

일반적으로 $p$진법의 정의는 다음과 같다.

**[$p$ 진법의 정의]**

양수 $N$이 1이 아닌 자연수 $p$의 거듭제곱을 사용하여

$$N = a_n p^n + a_{n-1}p^{n-1} + \cdots + a_1 p^1 + a_0 p^0 + a_{-1}p^{-1} + a_{-2}p^{-2} + \cdots + a_{-m}p^{-m} \cdots\text{(a)}$$

(단, $a_{-m}, a_{-m+1}, \cdots, a_0, a_1, \cdots a_n$ 은 $0, 1, \cdots, p-1$ 중 하나이다. )

으로 나타날 때 $N$은 $p$진법으로 $a_n a_{n-1} \cdots a_1 a_0 . a_{-1} a_{-2} \cdots a_{-m}$ 라고 하고,

$N = a_n a_{n-1} \cdots a_1 a_0 . a_{-1} a_{-2} \cdots a_{-m(p)}$

으로 나타낸다.

특히, $p=10$ 경우에는 $N = a_n a_{n-1} \cdots a_1 a_0 . a_{-1} a_{-2} \cdots a_{-m(10)}$ 에서 (10)을 생략하고

$$N = a_n a_{n-1} \cdots a_1 a_0 . a_{-1} a_{-2} \cdots a_{-m}$$

으로 나타낸다.

위의 (a) 에서 $a_i$ 는 $0, 1, 2, \cdots, p-1$ 중에 하나임에 주목해야 한다. 예를 들어 2진법에서는 $a_i$ 는 0, 1만을 사용하고, 8 진법에서는 $a_i$ 는 0,1,2,3,4,5,6,7 만을 사용하며, 16진법에는 $a_i$ 는 $0,1,2,3,4,5,6,7,8,9, A(10), B(11), C(12), D(13), E(14), F(15)$만을 사용하여 나타낸다.

## 예제 7-1-1

$$5231.43 = 5\times10^3+2\times10^2+3\times10+1\times10^0+4\times10^{-1}+3\times10^{-2}$$

$$1101.01_{(2)} = 1\times2^3+1\times2^2+0\times2^1+1\times2^0+0\times2^{-1}+1\times2^{-2}$$

$$724.563_{(8)} = 7\times8^2+2\times8^1+4\times8^0+5\times10^{-1}+6\times8^{-2}+3\times8^{-3}$$

$$3AB2.F2_{(16)} = 3\times16^3+10\times16^2+11\times16^1+2\times16^0+15\times16^{-1}+2\times16^{-2}$$

## 문제 7-1-1

다음 수를 괄호안의 수의 진법으로 나타내어라.

① $1\times2^2+1\times2+1$ (2진법) ② $1\times2^4+1\times2^{-2}$ (2진법)

③ $8^3+8^2+1+\frac{1}{64}$ (8 진법) ④ $64+\frac{1}{64}$ (8 진법)

⑤ $15\times16^3+13\times16^2+11\times16+9$ (16진법) $16^4+7+16^{-2}$ (16진법)

### ❶ *p* 진법의 수를 10진법의 수로 나타내기

$$\begin{aligned}1101.01_{(2)} &= 1\times2^3+1\times2^2+0\times2^1+1\times2^0+0\times2^{-1}+1\times2^{-2}\\ &= 8+4+0+1+0+\frac{1}{4} = 13.25\end{aligned}$$

이므로 2진법의 수 $1101.01_{(2)}$ 은 10진법의 수 13.25을 나타낸다.

또한,

$$7B.8_{(16)} = 7\times16^1+11\times16^0+8\times16^{-1} = 112+11+\frac{1}{2} = 123.5$$

이므로 16진법의 수 $7B.8_{(16)}$ 은 10진법의 수 123.5 로 나타낸다.

일반적으로 $p$ 진법의 수 $a_n a_{n-1} \cdots a_1 a_0 \cdot a_{-1} a_{-2} \cdots a_{-m(p)}$ 을 10진법으로 나타내면

$$a_n p^n + a_{n-1} p^{n-1} + \cdots + a_1 p^1 + a_0 p^0 + a_{-1} p^{-1} + a_{-2} p^{-2} + \cdots + a_{-m} p^{-m}$$

이다.

## 예제 7-1-2

다음 각 수를 10진법의 수로 나타내어라.

① $1111.11_{(2)}$ ② $123.4_{(8)}$ ③ $2AF.4_{(16)}$

풀이 : ① $1111.11_{(2)} = 1 \times 2^3 + 1 \times 2^2 + 1 \times 2^1 + 1 \times 2^0 + 1 \times 2^{-1} + 1 \times 2^{-2}$
$= 8 + 4 + 2 + 1 + \frac{1}{2} + \frac{1}{4} = 15.75$

② $123.4_{(8)} = 1 \times 8^2 + 2 \times 8^1 + 3 \times 8^0 + 4 \times 8^{-1}$
$= 64 + 16 + 3 + \frac{1}{2} = 83.5$

③ $2AF.4_{(16)} = 2 \times 16^2 + 10 \times 16^1 + 15 \times 16^0 + 4 \times 16^{-1}$
$= 512 + 160 + 15 + \frac{1}{4} = 687.25$

## 문제 7-1-2

다음 각 수를 10진법의 수로 나타내어라.

① $11011_{(2)}$ ② $100.1_{(8)}$ ③ $201.E_{(16)}$

소수가 없는 $p$ 진법의 수를 10진법의 수로 나타낼 때 조립제법을 이용할 수도 있다.
$p$ 진법의 수 $a_n a_{n-1} \cdots a_1 a_{0(p)}$ 을 10진법으로 나타낼 때 다항식

$$f(x) = a_n x^n + a_{n-1} x^{n-1} + \cdots + a_1 x + a_0$$

을 생각하고, $f(x)$ 를 일차식 $x - p$ 로 나눌 때 몫을
$Q(x) = b_{n-1} x^{n-1} + b_{n-2} x^{n-2} + \cdots + b_1 x + b_0$ , 나머지를 $R$ 이라고 하면

$$f(x) = a_n x^n + a_{n-1}x^{n-1} + \cdots + a_1 x + a_0 = (x-p)Q(x) + R \quad \cdots \text{(b)}$$

이다. 위의 (b)에 $x = p$를 대입하면

$$a_n p^n + a_{n-1}p^{n-1} + \cdots + a_1 p^1 + a_0 p^0 = (p-p)Q(x) + R = R$$

을 얻고, 이는 $p$진법의 수 $a_n a_{n-1} \cdots a_1 a_{0(p)}$ 은 10진법의 수 $R$임을 나타낸다.

다항식 $f(x) = a_n x^n + a_{n-1}x^{n-1} + \cdots + a_1 x + a_0$ 을 일차식 $x - p$로 나눌 때 나머지 $R$을 조립제법을 이용하여 다음과 같이 구한다.

$$\begin{array}{c|cccccc|c}
p & a_n & a_{n-1} & a_{n-2} & \cdots & a_1 & & a_0 \\
 & \downarrow & pb_{n-1} & pb_{n-2} & \cdots & pb_1 & & pb_0 \\
\hline
 & a_n \nearrow & a_{n-1} + pa_n \nearrow & a_{n-2} + pb_{n-2} \nearrow & & a_1 + pb_1 \nearrow & & R \\
 & \| & \| & \| & & \| & & \\
 & b_{n-1} & b_{n-2} & b_{n-3} & & b_0 & &
\end{array}$$

## 예제 7-1-3

조립제법을 이용하여 다음 각 수를 10진법의 수로 나타내어라.

① $10101_{(2)}$ ② $321_{(8)}$ ③ $ABC_{(16)}$

풀이: ①

$$\begin{array}{c|cccc|c}
2 & 1 & 0 & 1 & 0 & 1 \\
 & \downarrow & 2 & 4 & 10 & 20 \\
\hline
 & 1 \nearrow & 2 \nearrow & 5 \nearrow & 10 \nearrow & 21
\end{array}$$

$\therefore\ 10101_{(2)} = 21$

참고: $10101_{(2)} = 1 \times 2^4 + 0 \times 2^3 + 1 \times 2^2 + 0 \times 2^1 + 1 \times 2^0 = 16 + 4 + 1 = 21$

②

$$\begin{array}{c|cc|c}
8 & 3 & 2 & 1 \\
 & \downarrow & 24 & 208 \\
\hline
 & 3 \nearrow & 26 \nearrow & 209
\end{array}$$

$\therefore\ 321_{(8)} = 209$

참고: $321_{(8)} = 3\times 8^2 + 2\times 8^1 + 1\times 8^0 = 192 + 16 + 1 = 209$

③

$$
\begin{array}{r|rrr}
16 & 10 & 11 & 12 \\
 & \downarrow & 160 & 2736 \\
\hline
 & 10\ \nearrow & 171\ \nearrow & \big|\ 2748
\end{array}
$$

$\therefore\ ABC_{(16)} = 2748$

참고: $ABC_{(16)} = 10\times 16^2 + 11\times 16^1 + 12\times 16^0 = 2560 + 176 + 12 = 2748$

## 문제 7-1-3

조립제법을 이용하여 다음 각 수를 10진법의 수로 나타내어라.

① $1100111_{(2)}$　　② $3105_{(8)}$　　③ $FFA_{(16)}$

### ❷ 10진법의 수를 $p$진법으로 나타내기

10진법의 자연수$N$을 $p$진법으로 나타내려면

$$N = a_n p^n + a_{n-1} p^{n-1} + \cdots + a_1 p^1 + a_0 p^0 \quad \cdots (c)$$

으로 바꾸면 된다. 단, 위의 (c)에서 $a_0, a_1, \cdots, a_n$ 은 $0, 1, \cdots, p-1$ 중 하나이다.

위의 (c)를

$$N = p(a_n p^{n-1} + a_{n-1} p^{n-2} + \cdots + a_1) + a_0$$

으로 나타낼 수 있고, 이는 $N$을 $p$로 나눌 때 몫이 $a_n p^{n-1} + a_{n-1} p^{n-2} + \cdots + a_1$ 이고, 나머지가 $a_0$ 임을 나타낸다. 즉, $a_0$ 는 $N$을 $p$로 나눌 때 나머지이다.

$N$을 $p$로 나눌 때 몫을 $N_1$ 즉, $N_1 = a_n p^{n-1} + a_{n-1} p^{n-2} + \cdots + a_2 p + a_1$ 라 두면,

$$N_1 = a_n p^{n-1} + a_{n-1} p^{n-2} + \cdots + a_2 p + a_1 = p\left(a_n p^{n-2} + a_{n-2} p^{n-3} + \cdots + a_2\right) + a_1$$

이므로 $a_1$은 $N_1$을 $p$로 나눌 때 나머지이다.

이와 같은 식으로 반복하여 차례로 $a_2, a_3, \cdots, a_n$ 을 구한다.

$$\begin{array}{rll} p) & \underline{N} & \\ p) & \underline{N_1} & \cdots a_0 \\ p) & \underline{N_2} & \cdots a_1 \\ & \underline{\vdots} & \\ & a_n & \cdots a_{n-1} \end{array}$$

위의 방법은 오른쪽과 같이

$N$을 $p$로 나눌 때 몫 $N_1$과 나머지$a_0$를 구하고,

$N_1$을 $p$로 나눌 때 몫 $N_2$와 나머지$a_1$를 구하고,

이런 식으로 계속하다 보면 몫을 $p$로 더 이상 나누지 못하는 경우가 생기는데 이것이 $a_n$이 된다.

## 예제 7-1-4

다음 10진법의 수를 괄호안의 진법의 수로 바꾸어라.

① 83 (2진법) ② 1234 (8진법) ③ 7542 (16진법)

풀이: ①

$$\begin{array}{rll} 2) & \underline{83} & \\ 2) & \underline{41} & \cdots 1 \\ 2) & \underline{20} & \cdots 1 \\ 2) & \underline{10} & \cdots 0 \\ 2) & \underline{5} & \cdots 0 \\ 2) & \underline{2} & \cdots 1 \\ & 1 & \cdots 0 \end{array}$$

$\therefore 83 = 1010011_{(2)}$

②

$$\begin{array}{rll} 8) & \underline{1234} & \\ 8) & \underline{184} & \cdots 2 \\ 8) & \underline{23} & \cdots 0 \\ & 2 & \cdots 7 \end{array}$$

$\therefore 1234 = 2702_{(8)}$

③

$$\begin{array}{rll} 16) & \underline{7542} & \\ 16) & \underline{471} & \cdots 6 \\ 16) & \underline{29} & \cdots 7 \\ & 1 & \cdots D \end{array}$$

$\therefore 7542 = 1D76_{(16)}$

## 문제 7-1-4

다음 10진법의 수를 괄호안의 진법의 수로 바꾸어라.

① 71 (2진법) ② 942 (8진법) ③ 5324 (16진법)

한편,

1보다 작은 10진법의 양수 $x$ 를 $p$진법의 수로 나타내려면

$$x = b_1 p^{-1} + b_2 p^{-2} + b_3 p^{-3} + \cdots \quad \cdots \text{(d)}$$

으로 바꾸어야 한다. 여기서 $b_1$을 구하기 위하여 (d)의 양변에 $p$를 곱하면

$$px = b_1 + b_2p^{-1} + b_3p^{-2} + \cdots$$

위의 식은 $px$의 정수부분은 $b_1$이고, 소수부분은 $b_2p^{-1} + b_3p^{-2} + \cdots$ 임을 나타낸다.
$px$의 소수부분을 $y$라면

$$y = b_2p^{-1} + b_3p^{-2} + \cdots \quad \cdots(e)$$

여기서 $b_2$을 구하기 위하여 (e)의 양변에 $p$를 곱하면

$$py = b_2 + b_3p^{-1} + b_4p^{-2} + \cdots$$

위의 식은 $py$의 정수부분은 $b_2$이고, 소수부분은 $b_3p^{-1} + b_4p^{-2} + \cdots$ 임을 나타낸다.
위와 같은 방법을 반복하면 $b_3, b_4, \cdots$ 등을 구할 수 있다.

## 예제 7-1-5

다음 10진법의 수를 괄호안의 진법의 수로 바꾸어라.

① 0.25 (2진법) ② 0.25 (8진법) ③ 0.125 (16진법)

풀이 : ① $0.25 = b_1 2^{-1} + b_2 2^{-2} + \cdots$

위 식의 양변에 2를 곱하면

$0.5 = b_1 + b_2 2^{-1} + b_3 2^{-2} + \cdots \quad \cdots$(a)

에서 $b_1 = 0$

한편, (a)에서 $0.5 = b_2 2^{-1} + b_3 2^{-2} + \cdots$을 얻고 이 식의 양변에 2를 곱하면

$$1 = b_2 + b_3 2^{-1} + b_4 2^{-2} + \cdots$$

이므로 $b_2 = 1, b_3 = b_4 = \cdots = 0$

$\therefore 0.25 = 0.01_{(2)}$

실제 계산은 오른쪽과 같이 하면 편리하다.

$$\begin{array}{ll} 0.25 & \\ \times\ 2 & \\ \hline 0.5 & \cdots b_0 = 0 \\ 0.5 & \\ \times 2 & \\ \hline 1 & \cdots b_1 = 1 \end{array}$$

$\therefore 0.25 = 0.01_{(2)}$

② $0.25 = b_1 8^{-1} + b_2 8^{-2} + \cdots$

위 식의 양변에 8를 곱하면

$2 = b_1 + b_2 8^{-1} + b_3 8^{-2} + \cdots$

이므로 $b_1 = 2, b_2 = b_3 = \cdots = 0$

$\therefore 0.25 = 0.2_{(8)}$

$$\begin{array}{r} 0.25 \\ \times\ 8 \\ \hline 2 \end{array} \quad \cdots b_0 = 2$$

$\therefore 0.25 = 0.2_{(8)}$

③ $0.125 = b_1 \cdot 16^{-1} + b_2 \cdot 16^{-2} + \cdots$

위 식의 양변에 16를 곱하면

$2 = b_1 + b_2 \cdot 16^{-1} + b_3 \cdot 16^{-2} + \cdots$

이므로 $b_1 = 2, b_2 = b_3 = \cdots = 0$

$\therefore 0.125 = 0.2_{(16)}$

$$\begin{array}{r} 0.125 \\ \times\ 16 \\ \hline 2 \end{array} \quad \cdots b_0 = 2$$

$\therefore 0.125 = 0.2_{(16)}$

## 문제 7-1-5

다음 10진법의 수를 괄호안의 진법의 수로 바꾸어라.

① 0.75 (2진법) ② 0.75 (8진법) ③ 0.375 (16진법)

정수부분과 소수부분이 동시에 있는 10진법의 수를 $p$진법으로 바꾸려면 정수부분과 소수부분을 $p$진법으로 바꾼 후 더해주면 된다.

## 예제 7-1-6

24.125를 2진법의 수로 바꾸어라.

풀이 : 24.125의 정수부분 24와 소수부분 0.125를 각각 2진법의 수로 바꾼 후 더한다.

1)

$$\begin{array}{r|l l} 2) & 24 & \\ 2) & 12 & \cdots 0 \\ 2) & 6 & \cdots 0 \\ 2) & 3 & \cdots 0 \\ & 1 & \cdots 1 \end{array}$$

$\therefore 24 = 11000_{(2)}$

2)

$$\begin{array}{l l} 0.125 & \\ \times\ 2 & \\ \hline 0.25 & \cdots 0 \\ \times 2 & \\ \hline 0.5 & \cdots 0 \\ \times 2 & \\ \hline 1 & \cdots 1 \end{array}$$

$\therefore 0.125 = 0.001_{(2)}$

위의 1)과 2)에 의하여

$\therefore 24.125 = 11000.001_{(2)}$

## 문제 7-1-6

다음 10진법의 수를 괄호안의 진법의 수로 바꾸어라.

① 13.375 (2진법)　　② 50.375 (8진법)　　③ 250.6875 (16진법)

### ❸ $p$진법의 수를 $q$진법의 수로 바꾸기

$p$진법의 수를 10진법의 수로 바꾸고 이를 다시 $q$진법의 수로 바꾸면 된다.

## 예제 7-1-7

16 진법의 수 $AB_{(16)}$ 을 8진법의 수로 바꾸어라.

풀이 : $AB_{(16)} = 10 \times 16 + 11 = 171$ 이고,

$$\begin{array}{r|l l} 8) & 171 & \\ 8) & 21 & \cdots 3 \\ & 2 & \cdots 5 \end{array}$$

$\therefore 171 = 253_{(8)}$

따라서 $AB_{(16)} = 253_{(8)}$

## 문제 7-1-7

다음 각 수를 괄호안의 진법으로 바꾸어라.

① $11110_{(2)}$ (8진법) ② $510_{(8)}$ (2진법)

## 연습문제

1. 다음 각 수를 괄호안의 진법으로 나타내어라.

① $2^3+2^2+1+\frac{1}{4}$ (2진법) ② $64+\frac{1}{64}$ (8진법)

③ $7\times16^3+10\times16^2+15+16^{-2}$ (16진법)

2. 다음 각 수를 10진법의 수로 나타내어라.

① $11.1101_{(2)}$ ② $45.16_{(8)}$ ③ $BA5.1_{(16)}$

3. 조립제법을 이용하여 다음 각 수를 10진법의 수로 나타내어라.

① $1100111_{(2)}$ ② $42704_{(8)}$ ③ $412A_{(16)}$

4. 다음 10진법의 수를 괄호안의 진법의 수로 바꾸어라.

① 20.09375 (2진법) ② 150.03125 (8진법)

③ 530.00390625 (16진법)

5. 다음 각 수를 괄호안의 진법으로 바꾸어라.

① $11110000_{(2)}$ (16진법) ② $5B2_{(16)}$ (2진법)

③ $10011.001_{(2)}$ ( 8진법)

# 7-2 이진법의 사칙연산

## ❶ 이진법의 덧셈

이진법으로 나타낸 수의 덧셈에서는 2가 되면 앞자리로 1을 받아 올려서 계산한다.

| + | $0_{(2)}$ | $1_{(2)}$ |
|---|---|---|
| $0_{(2)}$ | $0_{(2)}$ | $1_{(2)}$ |
| $1_{(2)}$ | $1_{(2)}$ | $10_{(2)}$ |

### 예제 7-2-1

$101_{(2)}+11_{(2)}$ 을 계산하여라.

풀이:

$$\begin{array}{r} {\scriptstyle 1\,1}\quad\ \ \\ 101_{(2)} \\ +\quad 11_{(2)} \\ \hline 1000_{(2)} \end{array}$$

### 문제 7-2-1

다음 덧셈을 하여라.

①

$$\begin{array}{r} 101_{(2)} \\ +\quad 10_{(2)} \\ \hline \end{array}$$

②

$$\begin{array}{r} 1010_{(2)} \\ +\quad 111_{(2)} \\ \hline \end{array}$$

## ❷ 이진법의 뺄셈

이진법으로 나타낸 수의 뺄셈은 십진법에서와 같은 방법으로 하는데 2를 받아 내려서 계산한다.

## 예제 7-2-2

$101_{(2)} - 11_{(2)}$ 을 계산하여라.

풀이:

$$\begin{array}{r} {\scriptstyle 2} \quad \\ 101_{(2)} \\ - \quad 11_{(2)} \\ \hline 10_{(2)} \end{array}$$

## 문제 7-2-2

다음 뺄셈을 하여라.

①

$$\begin{array}{r} 1101_{(2)} \\ - \quad 101_{(2)} \\ \hline \end{array}$$

②

$$\begin{array}{r} 1100_{(2)} \\ - \quad 11_{(2)} \\ \hline \end{array}$$

### ❸ 이진법의 곱셈

이진법으로 나타낸 수의 곱셈은 십진법에서와 같은 방법으로 하되 다음 곱셈표를 이용하고, 받아 올리기에 주의한다.

| $\times$ | $0_{(2)}$ | $1_{(2)}$ |
|---|---|---|
| $0_{(2)}$ | $0_{(2)}$ | $0_{(2)}$ |
| $1_{(2)}$ | $0_{(2)}$ | $1_{(2)}$ |

## 예제 7-2-3

다음 곱셈을 하여라.

① $11_{(2)} \times 10_{(2)}$ ② $111_{(2)} \times 11_{(2)}$

풀이 : ①

$$\begin{array}{r} 11_{(2)} \\ \times \quad 10_{(2)} \\ \hline 00_{(2)} \\ 11_{(2)} \quad \\ \hline 110_{(2)} \end{array}$$

②

$$\begin{array}{r} 111_{(2)} \\ \times \quad 11_{(2)} \\ \hline 111_{(2)} \\ 111_{(2)} \quad \\ \hline 10101_{(2)} \end{array}$$

## 문제 7-2-3

다음 곱셈을 하여라.

① $101_{(2)} \times 10_{(2)}$ ② $111_{(2)} \times 101_{(2)}$

### ❹ 이진법의 나눗셈

이진법으로 나타낸 수의 나눗셈은 십진법에서와 같은 방법으로 하되 받아 내리기에 주의한다.

## 예제 7-2-4

다음 나눗셈을 하여라.

① $111_{(2)} \div 11_{(2)}$ ② $10101_{(2)} \div 111_{(2)}$

풀이 : ①

$$\begin{array}{r} 101_{(2)} \\ 11_{(2)} \overline{) \; 1111_{(2)}} \\ 11_{(2)} \quad \\ \hline 11_{(2)} \\ 11_{(2)} \\ \hline 0_{(2)} \end{array}$$

②

$$\begin{array}{r} 11_{(2)} \\ 111_{(2)} \overline{) \; 10101_{(2)}} \\ 111_{(2)} \quad \\ \hline 111_{(2)} \\ 111_{(2)} \\ \hline 0_{(2)} \end{array}$$

$\therefore 111_{(2)} \div 11_{(2)} = 101_{(2)}$ $\therefore 10101_{(2)} \div 111_{(2)} = 11_{(2)}$

## 문제 7-2-4

다음 나눗셈을 하여라.

① $1011011_{(2)} \div 111_{(2)}$　　② $11001_{(2)} \div 101_{(2)}$

❺ 이진법으로 나타낸 수의 사칙연산은 십진법으로 바꾸어 계산한 다음 이진법으로 나타낼 수 있다.

## 예제 7-2-5

십진법을 이용하여 다음 계산을 하여라.

① $101_{(2)} + 11_{(2)}$　　② $1101_{(2)} - 111_{(2)}$

③ $101_{(2)} \times 11_{(2)}$　　④ $1111_{(2)} \div 101_{(2)}$

풀이 : ① $101_{(2)} + 11_{(2)} = (1\times 2^2 + 1) + (1\times 2 + 1) = 5 + 3 = 8$

$$\begin{array}{r|l l} 2) & 8 & \\ 2) & 4 & \cdots 0 \\ 2) & 2 & \cdots 0 \\ & 1 & \cdots 0 \end{array}$$

$\therefore 8 = 1000_{(2)}$

$\therefore 101_{(2)} + 11_{(2)} = 1000_{(2)}$

② $1101_{(2)} - 111_{(2)} = (1\times 2^3 + 1\times 2^2 + 1) - (1\times 2^2 + 1\times 2 + 1) = 13 - 7 = 6$

$$\begin{array}{r|l l} 2) & 6 & \\ 2) & 3 & \cdots 0 \\ 2) & 1 & \cdots 1 \end{array}$$

$\therefore 6 = 110_{(2)}$

$\therefore 1101_{(2)} - 111_{(2)} = 110_{(2)}$

③ $101_{(2)} \times 11_{(2)} = (1\times 2^2 + 1) \times (1\times 2 + 1) = 5 \times 3 = 15$

$$
\begin{array}{r|l}
2) & 15 \\
2) & 7 \quad \cdots 1 \\
2) & 3 \quad \cdots 1 \\
 & 1 \quad \cdots 1
\end{array}
$$

$\therefore 15 = 1111_{(2)}$

$\therefore\ 101_{(2)} \times 11_{(2)} = 1111_{(2)}$

④ $1111_{(2)} \div 101_{(2)} = (1 \times 2^3 + 1 \times 2^2 + 1 \times 2 + 1) \div (1 \times 2^2 + 1) = 15 \div 5 = 3$

$$
\begin{array}{r|l}
2) & 3 \\
 & 1 \quad \cdots 1
\end{array}
$$

$\therefore 3 = 11_{(2)}$

$\therefore\ 1111_{(2)} \div 101_{(2)} = 11_{(2)}$

## 문제 7-2-5

십진법을 이용하여 다음 계산을 하여라.

① $11101_{(2)} + 101_{(2)}$　　② $11111_{(2)} - 1001_{(2)}$

③ $111_{(2)} \times 111_{(2)}$　　④ $110001_{(2)} \div 111_{(2)}$

## 연습문제

1. 다음 덧셈을 하여라.

① $11_{(2)} + 11_{(2)}$　　② $110_{(2)} + 101_{(2)}$

③ $111_{(2)} + 10101_{(2)}$　　④ $110001_{(2)} + 11001_{(2)}$

2. 다음 뺄셈을 하여라.

① $11010_{(2)} - 111_{(2)}$　　② $111011_{(2)} - 1111_{(2)}$

③ $11001_{(2)} - 111_{(2)}$　　④ $110001_{(2)} - 111_{(2)}$

3. 다음 곱셈을 하여라.

① $110_{(2)} \times 101_{(2)}$

② $1101_{(2)} \times 1001_{(2)}$

③ $111_{(2)} \times 10101_{(2)}$

④ $110001_{(2)} \times 11001_{(2)}$

4. 다음 나눗셈을 하여라.

① $11_{(2)} + 11_{(2)}$

② $110_{(2)} + 101_{(2)}$

③ $10101_{(2)} \div 111_{(2)}$

④ $110000_{(2)} \div 110_{(2)}$

# 일 반 수 학

2012년 2월 23일 인쇄
2012년 2월 27일 발행
저 자 정 용 욱 저
기 획 경기과학기술대학교
펴낸이 오 성 결
펴낸곳 **오성미디어**
주 소 132-916 서울시 도봉구 창 3동 491-1
전 화 02)997-0136
FAX 02)997-0137
등 록 2000. 5. 12 제 7-212 호

ISBN 978-89-6628-032-2 값 13,000 원